Ob es um rätselhafte Naturschauspiele, spannende Glücksspiele oder den harten Wettbewerb in Sport, Beruf und Wirtschaft geht – das Spiel gehört zum Leben, und wir sollten seine Regeln kennen. Und die Spieltheorie findet in immer weiteren Bereichen unseres Lebens Grundmuster, die uns dabei helfen. Betrachten wir das Spiel also genauer: Pierre Basieux schreitet in diesem Essay von populären Spielen, die wir als solche kennen, fort zu solchen des menschlichen Verhaltens und darüber hinaus weiter zum kreativen Spiel um unser gesellschaftliches Überleben, zum innovativen Spiel mit unseren Ideen und zum existenziellen Spiel auf der Suche nach Sinn.

Pierre Basieux studierte Mathematik, Physik, Philosophie und promovierte mit einem Thema aus dem Bereich Operations Research und Spieltheorie. In den achtziger Jahren war er in der Schweiz bei multinationalen Konzernen in leitender Position für Planung, Steuerung und Logistik tätig. Seit 1990 arbeitet er als selbständiger Unternehmensberater.

Zahlreiche Veröffentlichungen, darunter das erfolgreiche Standardwerk «Roulette: Die Zähmung des Zufalls». Bei rororo science erschienen: «Die Welt als Roulette» (rororo 19707), «Abenteuer Mathematik» (60178), «Die Top Ten der schönsten mathematischen Sätze» (60883), «Die Architektur der Mathematik» (61119) und «Die Top Seven der mathematischen Vermutungen» (61932).

PIERRE BASIEUX

Die Welt als Spiel

Spieltheorie in Gesellschaft, Wirtschaft und Natur

Rowohlt Taschenbuch Verlag

Originalausgabe

Veröffentlicht im Rowohlt Taschenbuch Verlag,

Reinbek bei Hamburg, August 2008

Copyright © 2008 by Rowohlt Verlag GmbH,

Reinbek bei Hamburg

Umschlaggestaltung any.way, Barbara Hanke

(Abbildung: Chad J. Shaffer/Getty Images;

Kosh Westrich/zefa/Corbis)

Innengestaltung Daniel Sauthoff

Satz Minion PostScript (InDesign) bei

Pinkuin Satz und Datentechnik, Berlin

Druck und Bindung CPI – Clausen & Bosse, Leck

Printed in Germany

ISBN 978 3 499 62311 0

Michael Rüsenberg gewidmet

Inhalt

Prolog

Spiele erleben seit einigen Jahren einen Boom. Besonders Poker, das einst schmuddelige Halbweltglücksspiel, scheint alle Beliebtheitsrekorde zu brechen. Zehntausende meist junger Zocker treffen sich in privaten Runden oder in Kneipen und Casinos oder spielen im Internet. Zahlreiche Fernsehkanäle übertragen Turniere und heizen so den Boom an. Durch die Welle der Casinogründungen in den letzten Jahrzehnten und die dadurch enger gewordene Wettbewerbssituation haben sich auch die Spielbanken dem Trend angeschlossen; denn die Umsätze und Gewinne mit Roulette und Black Jack stagnieren seit langem oder gehen sogar zurück – eine Entwicklung, die zahlreiche Casinos durch das Automatenspiel wettmachten.

Es ist vor allem das Internet, das sich als ideales Poker-Medium der Computergeneration anbietet. Nur so konnten sich Tausende virtueller Casinos in den Wohnzimmern und Surfecken einnisten. Beim Online-Poker hoffen die meisten Spieler auf das große Geld, und bei den Turnieren träumen viele davon, Millionen abzuräumen.

Die Rolle der Computer ist fundamental, nicht nur für die Ausbreitung der Spiele im Internet, sondern auch, weil sie eine immer bessere Erforschung der Strategien und Handhabung großer Datenmengen erlauben. Die Schachturniere «Mensch gegen Computer» (G. Kasparow vs. *Deep Blue*, W. Kramnik vs. *Deep Fritz*) zeugen davon.

Neben nützlichen Lernspielen wie etwa Flugsimulations- oder geographische Erkundungsprogramme gibt es eine weltweite Industrie, die vor allem der Jugend brutalste Videokampfspiele verkauft. Psychologen, Sozialwissenschaftler und Politiker diskutieren regelmäßig über eine Eindämmung oder ein Verbot dieser oft menschenverachtenden Spiele, vor allem wenn wieder ein Jugendlicher nach so einem Kampfschema Amok gelaufen ist.

Casino- und Gesellschaftsspiele sind naheliegenderweise Gegenstand der Spieltheorie, allerdings nur einer von vielen. Im Lauf der Zeit haben sowohl die Analyse zahlloser menschlicher Tätigkeiten als auch die Beobachtung der Natur ihr Feld immer weiter vergrößert. Kämpfe, Jagdszenen, die erwähnten Glücksspiele, Geschicklichkeitsspiele, gemischte Spieltypen, Wettbewerbssituationen in Sport, Beruf und Wirtschaftsleben, Plan- und auch Darstellungsspiele wurden als ständig sich wiederholende Lebenssituationen mit teilweise gleichen oder ähnlichen Grundregeln erkannt.

Das Spiel ist Bestandteil des Lebens – und kann auch bitterernst, tragisch und sogar inhuman sein. Im Grunde genommen gibt es nur ein Spiel: das Leben, das Überleben. Der oberste Spielmacher wird manchmal auch «Gott» genannt und sein wichtigstes Werkzeug «Zufall».

Die Entscheidungstheorie ist auch aus der Wirtschaft schon lange nicht mehr wegzudenken – vor allem seit 1944 nicht, als John von Neumann und Oskar Morgenstern ihr Buch «Spieltheorie und wirtschaftliches Verhalten» publizierten. Fünfzig Jahre später, 1994, wurde die Spieltheorie unter Ökonomen endgültig salonfähig – durch die Verleihung des Nobelpreises für Ökonomie an John Nash, John Harsanyi und Reinhard Selten für ihre «Beiträge zur Entwicklung der nichtkooperativen Spieltheorie».

Strategien, um Preise, Marktanteile, Gewinne zu erzielen, sind das tägliche Brot der Manager – redliche und unredliche. Denn es gibt ja auch kaum einen Bereich, der vor Ausbeutung, Profitgier und Missbrauch geschützt ist – ungerechtfertigte Bereicherung, Korruption allen Kalibers, und zwar von Privaten, von Politikern, von Beamten, von Konzernen und den «Heuschrecken» der Finanzwelt.

Missbräuche der Machtherrschaft auf Kosten der Massen haben eine lange Geschichte – von der repressiven und mörderischen Kirche des Mittelalters über die Feudalherrschaft bis zu den «neuen Herrschern der Welt», den multinationalen Konzernen und großen Banken. Heute gehen damit globale Probleme einher wie die Armut der Dritten Welt und des Klimawandels. Auch regionale Völkermorde, Bürger- und Glaubenskriege sind immer mehr Auswüchse einer globalisierten Vernetzung, in der es um die Sicherung nicht erneuerbarer Ressourcen geht.

Von der Wirtschaft zur (eigentlichen) Politik ist es, spieltheoretisch gesehen, nur ein Katzensprung. Gesetzgebung, Gerichtswesen, Sicherheit, Konflikte aller Art in der Demokratie laufen nach komplexen (und vielfach unvollständigen) Spielregeln ab.

Heute liefert die Spieltheorie sogar der Biologie einen Schlüssel zum Verständnis komplexer Anpassungsvorgänge. Denn die verschlungenen Wege der Evolution werden von den Zufälligkeiten genetischer Lotterien ebenso gesteuert wie von den strategischen Möglichkeiten erbitterter Konflikte. So entdecken Wissenschaftler in allen Bereichen der biologischen Evolution immer mehr spieltheoretische Strukturen.

Und der Verbreitungsprozess geht noch weiter. Parallel zur «rationalen» Entscheidungstheorie deckt die Psychologie scheinbar paradoxe Entscheidungen auf, führt Begriffe ein wie den der «begrenzten Rationalität» und bereichert dadurch den Anwendungsbereich der Spieltheorie. Inzwischen lassen sich auch Begriffe wie Reziprozität (Gegenseitigkeit), Kooperation und Fairness spieltheoretisch behandeln. So erwächst in jüngster Zeit eine Wissenschaft der «begrenzt rationalen» Entscheidung, Intuition und Heuristik (oder Faustregel), ganz nach dem Motto «Weniger ist manchmal mehr – und Genauigkeit ist nicht immer Wahrheit». Dabei ist Intuition keineswegs mit Irrationalität gleichzusetzen. Der Mensch schöpft offenbar seine Entscheidungen nicht nur aus seinen bewussten Kenntnissen, sondern ebenso sehr aus seinem Unterbewusstsein, das als eine Art Kompilation sowohl seiner Erfahrungen als auch des Produkts der Evolutionslinie, die er verkörpert, aufzufassen ist. Schließlich ist nicht nur jede Kreatur, sondern auch jedes «Ich» ein Millionen Jahre altes, nach dem Evolutionsprinzip sich immer noch entwickelndes *Trägerknäuel von Genen und Memen*, das bis heute überlebt hat.

Im Laufe der letzten Jahrzehnte sind also nicht nur große Teile der Spieltheorie aus ihren Kinderschuhen herausgewachsen; vor allem sind spieltheoretische Aspekte in immer mehr Bereichen sichtbar geworden. Heute gibt es kaum mehr einen Bereich des menschlichen Handelns und Denkens, der ihr verschlossen wäre: Spiel ist Leben.

Das vorliegende Buch ist keine Einführung in die formal-mathematische Spieltheorie – davon gibt es viele und auch exzellente. Es versucht vielmehr, die Anwendungen einiger spieltheoretischer Prinzipien auf die Welt (das heißt auf unser Modell von ihr) sichtbar zu machen und zu hinterfragen – spieltheoretische Prinzipien als Drehscheibe zwischen den Natur-, Wirtschafts- und Gesellschaftswissenschaften. Und das im Plauderton, weitgehend ohne technisch-mathematisches Gepäck. Insbesondere werden auch die offenen oder unvollständigen Regeln selbst (sowohl der globalen Wirtschaftsspiele um Ressourcen, ihrer Nutzung und Verteilung als auch der Beziehungen zwischen Nationen und Glaubensrichtungen) als ein *Spiel um Regelfindung* gedeutet, dessen Praxis von einer erträglichen planetarischen Demokratie noch weit entfernt ist.

Ich wüsste nicht, was die *Welt als Spiel* nicht umfassen würde: sei es die Idee der Welt als Uhrwerk im Sinne von Newton und Laplace, als Zufall im Sinne von Boltzmann und den Evolutionisten oder, nicht zuletzt, als Wettspiel zwischen Gott und Mephistopheles, von Goethe so grandios entfaltet. So mag Ihnen die Auswahl der verschiedenen Teilthemen auf den ersten Blick wie ein Mosaik erscheinen. Doch wenn Sie diese Mosaiksteine in einem gewissen Abstand betrachten, werden Sie das von mir intendierte Gesamtbild unschwer überblicken können.

Der bekannte Essay *Homo Ludens* des niederländischen Kulturhistorikers Johan Huizinga führt aus, wie tief die menschliche Kultur ganz allgemein im Spiel verwurzelt ist. Noch allgemeiner kann man sagen, das Spiel sei ein Charakteristikum höherer Tierarten. Doch die am weitesten reichende Sicht dürfte die ganze uns bekannte Welt als

Spiel sein: vom Spiel der Kräfte und Teilchen seit dem Urknall über die Entstehung und Evolution des Lebens bis hin zu unseren Interpretationen dieser Welt.

Grobgliederung des Buches

Der Bogen, der in diesem Buch gespannt wird, fängt allerdings nicht beim Spiel der Kräfte und Teilchen seit dem Urknall an, sondern, viel bescheidener, bei Gesellschaftsspielen. Aufgeteilt ist dieser Essay in drei «Kreise»:

- Der erste Kreis, «Spiele *in vitro*», beinhaltet einige populäre Gesellschaftsspiele mit einfachen Regeln. Bereits einfache Gesellschaftsspiele sind gleichsam Mikrowelten, die dreierlei enthalten: erstens gewisse Eigenschaften des Universums, zweitens gewisse menschliche Reaktionen auf diese Eigenschaften und drittens gewisse Fundamentalfragen des Menschen hinsichtlich der Welt, in der er lebt.
- Im zweiten Kreis, «Spiele in der Wirklichkeit», begegnen wir zunächst Spielen, bei denen wir oft scheinbar irrational entscheiden, sodann den komplexeren Spielen, Verhaltensweisen und Betätigungen des Menschen in der Gesellschaft, vornehmlich im Rahmen der Wirtschaftswelt. Unter die Betätigungen fallen aber auch alle Kunstformen sowie die wissenschaftliche Betätigung: als Spiele in Dialogform zwischen Mensch und verschiedenen Bereichen der Welt – wobei der Mensch Fragen stellt und sich Antworten erhofft. James Maxwell, der Schöpfer der Grundgleichungen des elektromagnetischen Feldes, meinte, «wir können die tiefsten Lehren der Wissenschaft in Spielen versinnbildlicht finden».
- Nachdem wir große Bereiche der Welt als riesige Spiel- bzw. Betätigungsfelder entdeckt haben, kommen wir ganz zwanglos zum dritten Kreis, in dem wir uns den «Spielen um die Interpretation

der Welt» widmen. In der Tat ist das Denken ein Spiel mit keinesfalls gesichertem Ausgang. Denn in einer ungewissen Welt kann es, als Erweiterung der elementaren Wahrnehmung, ebenfalls zu Täuschungen und Risiken führen. «I think, therefore I err»: so kompakt drückt es Gerd Gigerenzer, Professor für Psychologie und Direktor am Max-Planck-Institut für Bildungsforschung, im Titel einer seiner Publikationen aus. Dabei kommt mir auch ein Zitat von Albert Camus in den Sinn: «Außerhalb eines menschlichen Geistes kann es nichts Absurdes geben. So endet das Absurde wie alle Dinge mit dem Tode.»

In jedem dieser Kreise beobachten wir Elemente von Dualismen, Doppelheiten und Wechselseitigkeiten, wie etwa Zufall und Determinismus, Intuition und Rationalität, Egoismus und Altruismus bzw. Liberalismus und Gemeinwesen, die zu konkurrieren scheinen, aber von denen niemals der eine Teil den anderen völlig «besiegen» kann, ohne dass eine wesentliche Eigenschaft der Welt verlorenginge. Gut bekannt sind einige der dualistischen Aspekte aus Lehren, die zwei Grundprinzipien des Seins annehmen, zum Beispiel Licht und Finsternis, Geist und Materie, Yin und Yang.

Insbesondere der Dualismus zwischen Intuition und Rationalität, zwischen Heuristik und klassischer Entscheidungstheorie ist ein hochinteressantes, aktuelles interdisziplinäres Forschungsgebiet. Als Erbe der Evolution ist dieser Dualismus zwischen Unbewusstem und Bewusstem fundamental, und es steht zu erwarten, dass eine Reihe philosophischer Konsequenzen (speziell über die Freiheit des Willens), die offenbar voreilig aus der Hirnforschung abgeleitet wurde, wieder revidiert werden muss.

Weiter werden wir lernen – ein Beispiel dafür ist der physikalische Dualismus zwischen Welle und Teilchen –, dass die Antwort auf Fragen in hohem Maß sowohl von der speziellen Fragestellung als auch von den gerade herrschenden Umweltbedingungen abhängt. Im Extremfall müssen wir uns sogar damit abfinden, dass es auf bestimmte

Fragen einfach keine Antwort gibt. Als Kronzeugen dieser Erkenntnis dienen uns die Nachweise für das Scheitern der Vollständigkeit eines logischen Formalismus (Unvollständigkeitssatz von Kurt Gödel) und für das Scheitern der Existenz einer rationalen kollektiven Entscheidung, demokratisch gewonnen aus rationalen individuellen Entscheidungen (Unmöglichkeitssatz von Kenneth Arrow). Von da an bis zur Absage an alle Absolutismen ist es nur ein kurzer Weg. Es bleibt zu hoffen, dass die Selbstregulierung der Dualismen im kollektiven Bewusstsein zu einer relativ stabilen Weiterentwicklung der Menschheit beitragen wird.

Von Bereich zu Bereich entdecken wir eine Art Evolutionsmechanismus der Sichtweisen, Verhaltensweisen und der entwickelten Ideen, wobei die Aufmerksamkeit nicht so sehr auf die Aspekte und Details gerichtet ist, sondern vielmehr auf die Synthese der großen, scheinbar widersprüchlichen Dualismen der Welt und unserer Interpretationen von ihr.

ERSTER KREIS

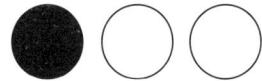

Spiele *in vitro*

Spielen ist das Experimentieren mit dem Zufall
NOVALIS

KAPITEL 1

Glück, Geschicklichkeit, Nachahmung

Der Begriff *Spiel* ist als wissenschaftlicher Terminus problematisch geworden. Das mag wohl daran liegen, dass die Analyse zahlloser menschlicher Tätigkeiten im Lauf der Zeit immer mehr gemeinsame Grundstrukturen offenbarte. Zufallsspiele, Geschicklichkeitsspiele, *gemischte* Spieltypen, Wettbewerbssituationen in Sport, Beruf und Wirtschaftsleben, Planspiele und auch Ahmungsspiele stellen ständig sich wiederholende Lebenssituationen mit teilweise gleichen oder ähnlichen Grundregeln dar.

Es wäre sicher unzutreffend, *Spiel* als Gegenteil oder Negation von *Ernst* aufzufassen, da es bitterernste Spiel- oder Wettbewerbssituationen geben kann. Für konkrete Analysen von Spielsituationen empfiehlt es sich, die Spiele in Grundkategorien mit gemeinsamen spezifischen Merkmalen einzuteilen.

F. G. Jünger teilt die Spiele nach ihrem Entstehungsgrad in folgender Weise ein:

- auf Zufall abgestellte Glücksspiele («Alea», Würfelspiel, Ungewissheit, Glückszufall),
- auf Geschicklichkeit abgestellte Geschicklichkeitsspiele («Agon», der Wettkampf) und
- auf Ahmung abgestellte vor- und nachahmende Spiele («Mimikry», Verstellung, Maskierung und Ilinx, Rausch, Trance und Ekstase).

Überlässt man dem Zufall den entscheidenden Ausgang des Spiels, so liegt ein *Glücksspiel* vor; man müsste diese Spiele eher *Zufallsspiele* nennen. Damit der Zufall tatsächlich zum nicht vorhersehbaren Bestandteil des Spiels werden kann, muss er in dessen räumlichen und zeitlichen Grenzen verfügbar und wiederholbar sein. Die Regeln des Glücksspiels fordern einen klar umgrenzten Bereich zufälliger Ereignisse, den bekannten Ereignisvorrat. Die Ereignisse selbst werden durch einen Mechanismus hervorgebracht, ohne dass das Ergebnis im Einzelnen vorher bekannt ist. Würfelspiele, Schwarzer Peter, Lotto und Roulette zählen zu den klassischen Glücksspielen.

Die Regeln der *Geschicklichkeitsspiele* fordern von den Spielern besondere Fähigkeiten. Der Umstand, ob diese Fähigkeiten größer oder geringer sind, füllt hier den Spielraum aus. Die Entscheidungen werden nicht einem Zufallsmechanismus zugeteilt, sondern von den spielenden Personen getroffen. Jede Handlung unterliegt dem Anspruch auf Qualität. Wenn jemand beim Roulette auf *Rot* setzt, ist das weder gut noch schlecht, der Zufall entscheidet über Gewinn oder Verlust. Wenn aber jemand beim Schach eine Figur bewegt, so ist der Zug schwach oder stark; das Urteil ist prinzipiell sofort möglich, auch wenn es erst später offenbar wird. Die Arten von Geschicklichkeit, die in ein Spiel eingehen können, sind zahlreich. Sie reichen von körperlichen bis zu geistig-seelischen Fähigkeiten, die meistens verbunden auftreten, wobei die eine oder die andere Seite überwiegt. Dame, Schach, Fußball, Tennis und Seiltanz sind beispielhafte Geschicklichkeitsspiele.

Ahmungsspiele sind gekennzeichnet durch das Heraustreten aus dem gewöhnlichen Leben und das Schaffen einer Welt des Spiels mit eigenen Ordnungen. Ein kleines Mädchen, das mit einer Puppe spielt, ahmt *nach*, was es von Erwachsenen gesehen hat, und zugleich ahmt es *vor*, was es später vielleicht einmal tun wird. Außer den Kinderspielen gehören zur Ahmung alle Arten von Spielen, die etwas darstellen: von Verkleidungen beim Karneval bis zu den künstlerischen Darbietungen in Filmen und auf den *Brettern, die die Welt bedeuten.*

Man hat vom Menschen behauptet, er sei vor allem ein Nach-ahmungstier. Das ist gar nicht so abwegig, denn wer im Sport, im Spiel oder allgemein im Leben gut sein will, wird Erfolgreiche nachahmen. Selbst das Lernen durch Versuch und Irrtum, also solches bestimmt nicht die wirtschaftlichste Lernart, enthält eine starke Nachahmungs-komponente. Überhaupt legt die Evolution nahe, dass Nachahmung der Elterntiere durch die Nachkommen der wichtigste soziale Lern-prozess sein dürfte und ein wichtiges Komplement der Erfahrung. Beide Fähigkeiten, Erfahrung und (evolvierte) Nachahmung, setzen Blickverfolgung (bei der Futtersuche, beim Jagen und Gejagtwerden) voraus und sind als Voraussetzungen des Informationstransfers auf-zufassen.

Die drei Grundkategorien von Spielen treten häufig miteinander verknüpft auf. Reine Glücksspiele kommen verhältnismäßig selten vor. Werden Zufall und Geschicklichkeit in gewissen Situationen vereinigt, so entsteht ein gemischter Spieltyp. Zu den *Gemischten Spieltypen* gehören die meisten Kartenspiele. Über die Verteilung der Karten entscheidet vorwiegend der Zufall, bei den weiteren Entschei-dungen kommt es auch auf vernünftige Überlegungen an. Black Jack und Poker sind beispielhafte Exponenten.

Außer den meisten Kartenspielen können etwa noch Sportwetten und Börsenspekulationen als gemischte Spieltypen angesehen wer-den. Aber selbst das Roulette, das von jeher als reines Glücksspiel galt, können wir unter gewissen Voraussetzungen als einen gemischten Spieltyp betreiben, wie wir noch ausführlich sehen werden.

Die Existenz gemischter Spieltypen mit einer Ahmungskom-ponente leuchtet uns sofort ein, wenn wir bedenken, dass jemand, der ein Geschicklichkeitsspiel lernen will, bessere Spieler nachahmen muss. Umgekehrt bedürfen die Ahmungsspiele einer besonderen Ge-schicklichkeit. Der Zufall scheint, als eine Grundstruktur der realen Welt, seine Pfoten bei jedem Spieltyp im Spiel zu haben.

Spiele und Wahrscheinlichkeiten – Geschichtliches

Im 17. Jahrhundert waren Glücksspiele in den höheren gesellschaftlichen Schichten Frankreichs sehr verbreitet: Karten-, Würfel- und Brettspiele; auch das Roulette wurde allmählich bekannt.

Im Jahr 1654 konfrontierte der Chevalier de Méré einen der brillantesten philosophischen und mathematischen Geister der Epoche, Blaise Pascal (1623–1662), brieflich mit einem Problem über die Einsätze in einem Würfelspiel. Der berühmte Physiker und Mathematiker Christiaan Huygens, der von diesem Briefwechsel erfuhr, verfasste daraufhin 1657 die erste Abhandlung der Mathematikgeschichte über die Theorie der Wahrscheinlichkeit: «De ratiociniis in ludo aleae» («Überlegungen beim Würfelspiel»). Das Wort «Erwartung» (lateinisch: *expectatio*) taucht darin auf, verstanden als «gerechter Preis, für den ein Spieler seinen Platz in einer Partie abgeben würde» – ein sehr suggestiver Begriff, der jedoch nach und nach präzisiert und formalisiert werden musste, da es unzählige Paradoxien zu lösen galt. Nun begann der Aufschwung der Wahrscheinlichkeitsrechnung.

Pierre Simon de Laplace (1749–1827), Professor der Mathematik an der Pariser Militärakademie (wo 1784/85 Napoleon, der spätere Konsul und Kaiser, sein Schüler war), gab in seiner «Théorie analytique des probabilités» (1812) als Erster eine genaue Definition des Begriffs der Wahrscheinlichkeit an – heute als klassischer Wahrscheinlichkeitsbegriff bezeichnet – und stellte Regeln für das Rechnen mit Wahrscheinlichkeiten auf. Darin schreibt er: «Es ist bemerkenswert, dass eine Wissenschaft, die mit der Betrachtung von Glücksspielen begann, der wichtigste Gegenstand des menschlichen Wissens werden sollte … Die wichtigsten Fragen des Lebens sind in der Tat vorwiegend Probleme der Wahrscheinlichkeit.»

Unter der Voraussetzung, dass nur endlich viele Versuchsergebnisse möglich sind, definiert Laplace die Wahrscheinlichkeit eines Ereignisses A, p(A), wie folgt:

$$p(A) = \frac{\text{Anzahl der günstigen Fälle für A}}{\text{Anzahl der möglichen Fälle}}.$$

Es ist das Verhältnis der Anzahl von Möglichkeiten für das Ereignis A und der Gesamtzahl möglicher Ereignisse – unter der Annahme, dass alle Ausgänge gleichwahrscheinlich sind. Doch was ist unter «gleichwahrscheinlich» zu verstehen? Dass die Wahrscheinlichkeiten alle dieselben sind? Zirkelschluss! Diese Grundsatzfrage hat in der Entstehungsphase der Wahrscheinlichkeitstheorie eine Menge Ärger bereitet (der erst 1933 durch die axiomatische Grundlegung der Wahrscheinlichkeit durch Andrej Kolmogorov behoben wurde).

Im täglichen Leben können wir aber durchaus vorliebnehmen mit dieser einfachsten Definition der Wahrscheinlichkeit eines Ereignisses – das Maß für das Eintreten dieses Ereignisses, also *ein Maß des Vertrauens* –, die wir wie folgt kurz darstellen können:

$$p(A) = \frac{N_A}{N} \approx h_n(A).$$

Dabei steht p für «Wahrscheinlichkeit» (*probabilité, probability*), während mit $h_n(A)$ die relative Häufigkeit für beliebig viele (n) Wiederholungen des Versuchs bezeichnet wird. Dies stellt eine Brücke zwischen der Fiktion Wahrscheinlichkeit und der Empirie dar, die zum sogenannten Gesetz der großen Zahlen führt. N_A stellt die Anzahl der bezüglich der Ereignisqualität A günstigen Fälle dar (zum Beispiel «ungerade Zahl» beim Würfeln, dann ist N_A = 3). Und N ist die Anzahl aller möglichen Fälle, unter denen Ergebnisse mit dem Ereignismerkmal A ausgewählt wurden (im Fall des Würfels ist N = 6). p(A) ist also das Verhältnis der Anzahl der bezüglich A günstigen Fälle zur Anzahl aller möglichen Fälle, unter denen diejenigen mit dem Merkmal A ausgewählt wurden (in unserem Beispiel ist p(A) = 3/6 = 1/2 oder 50 Prozent). Die klassische Definition führt

Wahrscheinlichkeitsfragen auf kombinatorische Abzählprobleme zurück und ist einfach ein probates Konzept, das uns beim Raten hilft. Wird der Versuch tausendmal wiederholt (n = 1000), erhalten wir mit h_{1000} (A) bei einem unverfälschten Würfel einen guten Näherungswert für p(A).

Das neue Wissensgebiet fand zahlreiche Anwendungen in anderen Wissenschaften und im praktischen Leben. Fast zur gleichen Zeit, als die grundsätzlichen Überlegungen zum Walten des Zufalls angestellt wurden, entstanden auch die ersten Ansätze der angewandten Statistik. Die Quantifizierung von Glück, Unglück und Massenerscheinungen schlug sich in statistischen Tabellen nieder. 1662 machte John Graunt auf Gesetzmäßigkeiten von Geburten- und Todesfällen aufmerksam, und der bekannte Astronom Edmund Halley (1656–1742) lieferte die erste Sterblichkeitstafel von der Art, wie sie heute den Versicherungsberechnungen zugrunde gelegt wird. Wenn Sie zum Beispiel eine Lebensversicherung abschließen, kann dies als eine Wette darüber aufgefasst werden, ob Sie vor Ablauf einer bestimmten Frist sterben; die Versicherungsgesellschaft hält dagegen und wettet, dass Sie nicht innerhalb dieser Zeit sterben. Um zu gewinnen, müssen Sie (Ihr Leben) verlieren!

Nach und nach lieferten viele Gelehrte bedeutende Beiträge zur Entwicklung der Wahrscheinlichkeitsrechnung: Abraham de Moivre, Jakob Bernoulli, der bereits erwähnte Pierre Simon de Laplace, Daniel Bernoulli, Pierre Remond de Montmort, der englische Geistliche Thomas Bayes, Carl Friedrich Gauß, Siméon Denis Poisson und andere.

Zum Beispiel hat de Moivre den Begriff der zusammengesetzten Wahrscheinlichkeit geprägt; Bayes entwickelte eine Theorie der Wahrscheinlichkeit *a posteriori* (die Formel für «bedingte Wahrscheinlichkeiten» trägt seinen Namen); Jakob Bernoulli verfasste seine «Kunst des Vermutens» (*Ars conjectandi*, herausgegeben postum 1713 von dem Neffen Niklaus Bernoulli), worin er als Erster das «Gesetz der großen Zahlen» (1689) bewies; Gauß untersuchte stetige Wahrscheinlichkeitsverteilungen, vornehmlich die «Normalverteilung», gut bekannt durch ihre graphische Darstellung als Glockenkurve.

Spieltheorie als Mathematik der Interessenkonflikte

Ebenfalls bereits im 17. Jahrhundert schlugen berühmte Gelehrte wie Christiaan Huygens und Gottfried Wilhelm Leibniz vor, menschliche Konflikte im Rahmen einer eigenen Disziplin wissenschaftlich zu untersuchen. Im 19. Jahrhundert erdachten führende Ökonomen einfache mathematische Modelle zur Analyse spezieller Situationen bei Konkurrenzverhalten. 1928 war dann ein erster Höhepunkt erreicht, als John von Neumann bewies, dass es für Zweipersonen-Nullsummenspiele stets optimale gemischte Strategien gibt und sich auch ein *Wert* für ein solches Spiel festlegen lässt, wie wir im 3. Kapitel sehen werden.

Doch lange Zeit hatte man die einfacheren Nullsummenspiele gegenüber allen möglichen abweichenden Bedingungen und Unsymmetrien überschätzt. Vor allem hatte man unterschätzt, dass das menschliche Verhalten sich oftmals nicht nach scheinbar rationalen Kriterien richten wollte.

Das Spiel und seine Elemente

Woraus bestehen nun die Elemente eines Spiels? Im Wesentlichen sind es seine *Spielregeln*, dann der *Spielraum*, der mit Handlungen und Strategien der Akteure belebt wird. Und zu jedem Spiel gehören auch ein *Einsatz* und eine *Auszahlung*. Zunächst ein paar einführende Bemerkungen zu den Spielregeln.

Spielregeln

Zu jedem Gesellschaftsspiel gehört die Freiheit, sich dafür oder dagegen zu entscheiden; wollen wir ein paar Partien spielen, dann müssen wir uns allerdings seinen Regeln fügen – die für Gesellschafts-spiele meistens klar und übersichtlich definiert sind.

Für das Leben in der Gemeinschaft sind die Regeln vielschichtig, komplex und nicht immer klar oder eindeutig: Gesetze, moralische Gebote, Usancen usw. Hier haben wir als Akteure nicht immer die Freiheit, uns dafür oder dagegen zu entscheiden – vorausgesetzt, wir wollen uns nicht radikal entziehen.

In einer erweiterten Deutung der Welt und des Lebens als Spiel haben auch die Kreativität und die kriminelle Energie ihren Platz. Bei Verhandlungen müssen nicht selten erst die Spielregeln vereinbart werden: die Spielregelfindung als Spiel. Davon wird noch an vielen Stellen die Rede sein, vor allem dort, wo es um Kooperation und Fairness geht und wo es sich in unserer Welt darum handelt, Forderungen nach Beendigung von Machtmissbrauch zu erheben.

Einsatz und Auszahlung

Einsatz und Auszahlung sind wichtige Elemente des Spiels. Sie müssen nicht in barer Münze bestehen. Beim Kampf um eine ersehnte Stellung im «Spielfeld», das wir Arbeitsmarkt nennen, wird der Einsatz in Form von Wissen, Fertigkeiten und Arbeitskraft geleistet. Und der Preis, den jeder Spieler am Ende einer Partie erhält oder zahlt, kann, außer Geldgewinn oder -verlust, auch Prestige, der begehrte Pokal, ein Kuss, die Beeinträchtigung der Gesundheit oder gar der Verlust des Lebens sein, wovon extreme Sportspiele zeugen.

Bei biologischen Spielen, in denen keine kognitiven Berechnungen und Planungen stattfinden und die man deshalb «Spiele ohne Rationalität» nennt, bedeutet Auszahlung «Zuwachs an Nachkommen» – was die *Darwin'sche Fitness* (als durchschnittliche Anzahl von Nachkommen) widerspiegelt.

Spielräume und Strategien

Die Regeln legen den Spielablauf nicht restlos fest, sondern lassen gewisse Möglichkeiten offen. Diese Unbestimmtheit ist der Spielraum, der zum Wesen des Spiels gehört und es vor Erstarrung bewahrt. In unserem Spiel mit Fiktionen kommt kreativen Gedanken eine große Bedeutung zu: Sie bewirken die Handlungen und beleben den Spielraum. Nicht die Regeln sind das eigentlich Wichtige, sondern die Spielräume. Das gilt für jedes Spiel: beim Scrabble, in der Mathematik, in der Medizin, in Wirtschaft und Politik, im Leben. Definitionen und Gesetze sind zwar notwendig, stecken aber nur die formalen Raumgrenzen ab, in denen sich jeder frei bewegen darf, und diese Freiheit ist allein beschränkt durch die Kreativität der Akteure. Wirtschaft und Politik bieten ungeheure Spielräume für Visionen, Konzepte, Innovationen, Problemlösungen – und deren Realisierung. Nur borniert Bürokraten reduzieren den Spielraum auf die Regeln.

Die Aktionen zur Belebung eines Spielraums führen zum zentralen Begriff der *Strategie*. Eine Strategie ist ein Plan oder Programm für den Spieler – eine Abfolge spezieller Aktionen und Entscheidungen – mit dem Ziel, einen Mitspieler zu überlisten, der das Gleiche versucht (der oft gebrauchte Ausdruck «Taktik» stellt eine Art lokale Strategie in begrenzten Verwicklungen dar). Nach Austeilen der ersten beiden Karten (und der ersten Karte für die Bank) muss der Spieler beim Black Jack (der Spielbankversion von «17 und 4») entscheiden, ob er noch eine weitere Karte haben möchte (um möglichst nahe an die Punktezahl 21 zu kommen), ob er seinen Einsatz verdoppelt (falls die ersten beiden Karten eine Punktezahl zwischen 9 und 11 ergeben) oder ob er seine beiden Karten, falls sie die gleiche Punktezahl haben, splitten will – wobei er dann noch einen gleich hohen Einsatz auf das geteilte Blatt zu leisten hat. Das Pokerspiel erfordert noch viel differenziertere Strategien, die letztlich die Absichten der Gegner durchkreuzen sollen.

Die Strategien im unerschöpflichen Spiel mit mathematischen Fiktionen werden aus kreativen Gedanken geboren. Dabei übersteigen bereits die Eröffnungsmöglichkeiten für so manchen Beweis diejenigen einer Schachpartie beträchtlich. Bevor allerdings die Gedanken ihre Kreativität wirksam entfalten können, ist viel Übung erforderlich.

Unterhaltungswert als Element der Nutzenfunktion

Die Motive zum Casinobesuch oder zur Teilnahme an einem Pokerturnier mögen vielfältig sein. Lust am Nervenkitzel und Schicksalsspruch, die Hoffnung zu gewinnen, ein bisschen Spielleidenschaft, etwas Unterhaltung: heute ist das Spielcasino eine gesellschaftliche Experimentierstube mit Zerstreuungscharakter, ein Ort der ungezwungenen Begegnungen und auch ein Ort der (ent)spannenden Traumfreiheit, der die hohe Regelungsdichte unserer Gesellschaft mildert. Das macht einen Großteil unseres persönlichen Nutzens aus.

Für viele Casinobesucher besteht jedoch der Unterhaltungswert gerade darin – zumal sie es ja mit einem Geldspiel zu tun haben –, einen *monetären* Nutzen aus dem Spiel ziehen zu können, meist unter Zuhilfenahme einer Taktik oder einer Strategie. Nutzenbewertung setzt eine Präferenzrelation voraus: Von zwei Dingen oder Ereignissen ist jenes nützlicher, das man vorzieht, wenn man die Wahl hat. Ein Kauf kommt nur zustande, wenn der Verkäufer den entsprechenden Geldbetrag der verkauften Sache vorzieht und der Käufer die Sache lieber hat als das Geld; der Preis muss also zwischen dem Nutzen des betreffenden Gegenstandes für den Verkäufer und dem für den Käufer liegen:

Nutzwert für den Verkäufer ≤ Preis ≤ Nutzwert für den Käufer.

Die Präferenzen jedes Individuums sind natürlich dessen höchstpersönliche Angelegenheit, und über Geschmack lässt sich bekanntlich nicht streiten. Die durch empirische Ermittlung einem Individuum zugeordnete Nutzenfunktion in Abhängigkeit von den Gewinnalternativen hängt daher von der subjektiven Einstellung der Einzelnen ab; zudem kann sich der Nutzen für ein und dieselbe Person als Funktion der jeweiligen Umweltsituation ändern. Trotzdem gelingt es, auf empirischem Weg repräsentative Nutzenfunktionen monetärer Ergebnisalternativen zu ermitteln und rational zu diskutieren, nicht zuletzt im Hinblick auf innere Kohärenz und Widerspruchsfreiheit.

Einmalige und wiederholte Spiele

Spielen lebt von der Wiederholung. Denken wir nur an Glücks- und Kartenspiele, an Tennis- und Fußballspiele, an die Olympischen Spiele, aber auch an die Musik, die ja geradezu die Kunst der Wiederholung ist. Bei wiederholten Spielen und mannigfachen Risikosituationen hat sich das Bernoulli-Prinzip, das *Prinzip der maximalen Nutzenerwartung*, von dem noch die Rede sein wird, als *die* rationale Entscheidungsregel entpuppt.

Es gibt aber auch Spiele, die nur einmal oder sehr selten gespielt werden. Das führt dazu, dass für sie oft andere optimale Strategien gelten als für oft wiederholte Spiele. Ein klassisches Beispiel hierzu ist das *Gefangenendilemma*, wie wir im 3. Kapitel sehen werden. Aber auch bei reinen Glücksspielen kann es vorkommen, dass ein einzelner Spieldurchgang andere Entscheidungen nahelegt als solche, die sich bei beliebigen Wiederholungen als optimal erweisen. Auch dazu werden wir ein paar Beispiele kennenlernen.

Strategische Spiele und das Militär

Beim Militär war strategisches Denken schon seit Urzeiten in Gebrauch. Doch dieses strategische Denken wurde hauptsächlich von der Erfahrung der Kriegsherren gespeist und weitaus weniger von spieltheoretischen Modellen, die meistens gar nicht in der Lage waren, die Komplexität der realen Gegebenheiten zu berücksichtigen – geschweige denn, auf unvorhergesehene oder größere zufällige Änderungen zu reagieren.

Die moderne Spieltheorie begann ihren Aufstieg 1944 mit der

Veröffentlichung des Buches «Spieltheorie und wirtschaftliches Verhalten» von John von Neumann und Oskar Morgenstern. Der Zeitpunkt war günstig, denn während des Zweiten Weltkriegs hatten mathematische Methoden in der Planung, Logistik und Technik enorm an Bedeutung gewonnen. In diese Zeit fiel auch die Entschlüsselung von deutschen Geheimnachrichten (ENIGMA) durch eine Gruppe um Alan Turing in England. Zum ersten Mal in der Geschichte trugen Mathematiker wesentlich zum militärischen Aufgebot bei. Zahlreiche jüngere Spieltheoretiker boten ihre Dienste an. Euphorisch bejubelte Forschungsprojekte stellten Anwendungen auf die Taktik von Abfangjägern, die strategische Planung von Bombenabwürfen und die Führung von Nachkriegsverhandlungen in Aussicht. Doch die überzogenen Anpreisungen weckten beim Militär überhöhte, unerfüllbare Erwartungen, und die Beziehungen kühlten sich allmählich ab – zumindest bis zum jeweils nächsten bevorstehenden militärischen Einsatz.

Vor dem vorerst letzten großen Einsatz, dem amerikanischen Angriffskrieg gegen den Irak (2003), war es wieder so weit. Mike Davis, einer der bedeutendsten Stadtsoziologen der Vereinigten Staaten, nahm die hochtrabenden spieltheoretischen Phantasien des Pentagons in einem Artikel aufs Korn, der im April 2003 in der *ZEIT* erschien: «Umzingelt von einer unfehlbaren Armee. Das Pentagon arbeitet an der Abschaffung des Zufalls. Die neuen Kriege sollen geführt werden wie eine Supermarktkette.» Auszug:

Das imperiale Washington gleicht mittlerweile dem Berlin der späten dreißiger Jahre. Es ist eine psychedelische Hauptstadt, in der eine größenwahnsinnige Halluzination die andere jagt. Wie uns die Vordenker des Pentagons mitteilen, wird die Invasion des Iraks nicht nur zur geopolitischen Neuordnung des Nahen Ostens führen, sondern auch «die wichtigste Revolution in Militärangelegenheiten (RMA) seit zweihundert Jahren einleiten». Folgt man einem Cheftheoretiker dieser Revolution, Admiral William Owen, dann war der erste Golfkrieg «noch kein neuer Kriegstyp, sondern der letzte der alten Kriege». Die Luftkriege über dem Kosovo und Afghanistan waren ebenfalls nur schwache Kostproben des postmodernen Blitzkriegs, der gegen das Baath-Regime geführt wird. Anstelle altmodischer, gestaffelter Schlachten wurde uns eine Simultanwirkung durch «Schock und Einschüchterung» versprochen. Aber obwohl sich die Medien in ihren Vorberichten auf die science-fiction-haften technischen Spielereien konzentrierten – auf thermobarische Bomben, Mikrowellenwaffen, unbemannte Flugkörper, *Pack-Bot*-Roboter, Stryker-Kampffahrzeuge –, werden die wahren radikalen Umwälzungen im Bereich der Organisation und sogar im Begriff des Kriegs selbst liegen (das zumindest behaupten die Kriegsperfektionisten).

Die bizarre Sprache des Büros für Truppenumbildung im Pentagon […] hat ein neuartiges Fabelwesen geboren, eine Art «strategisches Ökosystem», auch als «netzwerkzentrierte Kriegsführung» (NCW) bekannt. Militaristische Futuristen preisen diese Technik, die Leben schont, indem sie Zermürbung durch Präzision ersetzt, als eine «minimalistische» Form des Kriegs. Tatsächlich aber könnte NCW den Weg zum Atomkrieg bahnen. […]

Donald Rumsfeld ist wie Dick Cheney, aber anders als Colin Powell, ein Anhänger von RMA/NCW-Phantasien. Der zweite Irak-Krieg ist in ihren Augen die unverzichtbare Bühne, um dem Rest der Welt Amerikas absolute Überlegenheit zu demonstrieren. Bis heute verfolgt von der Katastrophe in Mogadischu 1993, als schlecht bewaffnete somalische Milizen die besten Elitetruppen des Pentagons besiegten, müssen die Kriegsperfektionisten nun zeigen, dass sich die Vernetzungstechnik in Straßenkämpfen bewährt. Zu diesem Zweck setzen sie auf eine Kombination aus Schlachtfeld-Allwissenheit, intelligenten Bomben und neuen Waffen mit Mikrowellenimpulsen und

Übelkeit erregenden Gasen, um die Feinde aus ihren Häusern und Bunkern zu treiben. Der Gebrauch «nicht-letaler» Waffen gegen die Zivilbevölkerung [...] ist ein Kriegsverbrechen, das früher oder später begangen werden wird.

Was aber, wenn das von RMA/NCW erwartete neue Zeitalter der Kriegsführung nicht so prompt eintritt, wie es verheißen wurde? Was, wenn der Feind Wege findet, die ausschwärmenden Sensoren, die Spezialkräfte mit Nachtsichtausrüstung, die kleinen, Treppen steigenden Roboter und die mit Raketen bestückten Drohnen auszuschalten? Und was, wenn es irgendein nordkoreanisches Cyberwar-Kommando (beziehungsweise ein 15 Jahre alter Hacker aus Iowa) schaffen sollte, das «System der Systeme» hinter dem Gefechtsraum-Panoptikum im Pentagon zum Absturz zu bringen? [...]

So wie die Präzisionswaffen die irren Allmachtsphantasien mit ihren strategischen Bombern von gestern wieder zum Leben erweckt haben, nährt RMA/NCW die monströsen Phantasien einer funktionalen Einbeziehung von taktischen Nuklearwaffen in den elektronischen Gefechtsraum. Man sollte keinesfalls vergessen, dass die USA den Kalten Krieg mit der ständigen Androhung des «Ersteinsatzes» von Atomwaffen gegen einen konventionellen Angriff der Sowjetunion bestritten. Diese Schwelle ist nun herabgesetzt worden auf einen irakischen Gasangriff, auf nordkoreanische Raketenstarts oder sogar auf Terroranschläge in amerikanischen Städten.

Irak, «die unverzichtbare Bühne, um dem Rest der Welt Amerikas absolute Überlegenheit zu demonstrieren»? Das war im Wesentlichen die irrsinnige Ideologie des Triumvirats George W. Bush, Dick Cheney und Donald Rumsfeld. Und was aus den größenwahnsinnigen Plänen der Militärs im Irak geworden ist, nämlich Chaos und barbarischer Bürgerkrieg, wissen wir ja.

Es kann sein, dass die eine oder andere Schlacht in der Geschichte auch spieltheoretisch zu entscheiden gewesen wäre, doch ernsthafte Spieltheoretiker sind heute der Meinung, dass der Spieltheorie kaum je eine kriegsentscheidende Bedeutung zukommen wird. Selbst für das Schachspiel, diese Idealisierung militärischen Manövrierens, ist die Spieltheorie praktisch wertlos, wie wir im nächsten Kapitel sehen werden. Überhaupt liefert die Spieltheorie nur selten Lösungen. Sie gibt uns kein Rezept in die Hand, wie etwa Poker optimal zu spielen ist. Dafür vermittelt sie anhand von überschaubaren Modellen häufig Einsichten in wesentliche Eigenschaften von Interessenkonflikten.

Was ist zufällig, was vorherbestimmt?

Dass die Sonne morgen wieder aufgehen wird, ist wesentlich wahrscheinlicher, als dass ich es erleben werde; und Letzteres ist wiederum wesentlich wahrscheinlicher, als dass mir in den nächsten Minuten ein Flugzeug aufs Dach fällt. Doch auch das Unwahrscheinlichste passiert. Roy Sullivan, Park Ranger aus Virginia, wurde in seiner 35-jährigen Karriere siebenmal vom Blitz getroffen, meist bei der Arbeit, aber einmal auch im Büro oder vor seinem Haus auf dem Weg zum Briefkasten; er erschoss sich mit über 70 Jahren, angeblich aus Liebeskummer. Wer nicht an den Zufall glaubt, sagt «Bestimmung» dazu; doch besser und wirklich erklären kann er damit bestimmt nichts. Sie haben es erraten: Es geht in diesem einleitenden Kapitel bereits um Zufall und Determinismus, einen grundlegenden Dualismus.

Jedes auch noch so sorgfältig geplante Handeln ist grundsätzlich immer von ungewissem Ausgang. Das hat die Menschheit seit eh und je als quälende Provokation empfunden. Mit irrationalen Mitteln wie der Astrologie und später durch die Entdeckung von Naturgesetzen versuchte sie, diese Ungewissheit zu eliminieren oder sie zumindest zu reduzieren, was ihr freilich nur in beschränktem Umfang gelang. Der Aufbau einer Wahrscheinlichkeitstheorie kann als Versuch der Quantifizierung von Ungewissheit angesehen werden und impliziert das Eingeständnis, dass diese sich nicht völlig in Gewissheit auflösen lässt. Es ist fast banal festzustellen, die Ungewissheit sei ein konstitutives Element der ganzen Welt und des Lebens und könne nicht eliminiert werden. Kann sie nun nicht eliminiert werden, weil wir nur die Ausgangslage und die beeinflussenden Faktoren nicht im Detail kennen, oder weil wir gewisse Dinge *prinzipiell* gar nicht wissen können? Die Frage, ob es Bereiche der realen Welt gibt, in denen der echte, der REINE Zufall (der *R*eal *E*xistierende *I*ndeterministische *N*ichtkausale *E*chte Zufall) herrscht, legt uns erst einmal die Quantentheorie nahe.

In der gewöhnlichen Welt nimmt der klassische Determinist an, alle Ereignisse seien durch ihre Ursachen mit absoluter Genauigkeit bestimmt; Zufall ist für ihn nur der Ausdruck unseres Unwissens über diese Ursachen, Wahrscheinlichkeit das Maß dieses Unwissens. Der Fall eines Würfels oder einer Roulettekugel ist nur deshalb nicht exakt vorhersagbar, weil wir nicht alle Informationen haben und alle Vorgänge exakt berechnen können, die den Fall bestimmen. Laplace fasste diesen Standpunkt zusammen: Ein Wesen, das zu einem bestimmten Zeitpunkt alles wüsste, könnte jedes zukünftige Ereignis mit Gewissheit vorhersagen, es ist bekannt geworden als «Laplace'scher Dämon». Auch zahlreiche andere Begründer der Wahrscheinlichkeitstheorie, die ja zu ihrer Zeit keine Quantentheorie kennen konnten, waren knallharte Deterministen.

Umso erstaunlicher ist es, dass ausgerechnet ein Entdecker eines quantenphysikalischen Effekts (des photoelektrischen Effekts, 1905), nämlich Albert Einstein, im Grunde ein Determinist war. Sein überlieferter Spruch «Gott würfelt nicht!» ist der Ausdruck einer tiefen Überzeugung, dass das scheinbar rein Zufällige durch verborgene deterministische Parameter gesteuert wird.*

---

* Anmerkung: Mit «Gott» meinte Einstein keinesfalls einen persönlichen Gott, an den er niemals glaubte, sondern vielmehr die Gesamtheit der Naturgesetze des Universums. In seinem Brief vom 4. Dezember 1926 an Max Born schrieb er: «Jedenfalls bin ich überzeugt, daß der Alte nicht würfelt.»

Determinismus impliziert die Herausforderung, den Lauf der Welt vorherzusagen. Doch die Lehre von der geschichtlichen Notwendigkeit war für den Wissenschaftsphilosophen Karl Popper der «reinste Aberglaube». Beweis: Der Lauf der Welt ist wesentlich vom Zuwachs des menschlichen Wissens bestimmt; das ist aber nicht vorsehbar – sonst wüssten wir bereits, was wir erst wissen werden.

Selbst Auswirkungen von vorhandenem Wissen werden von Profis und Experten nicht selten völlig falsch vorhergesagt: So fragte der Chef der Film-Firma Warner Brothers 1927 – Stummfilmzeit –, als die Akustikaufzeichnung entdeckt wurde: «Wer zur Hölle will Schauspieler reden hören?» Oder der Chef einer großen Computerfirma 1977: «Es gibt keinen Grund, warum irgendjemand einen Computer in seinem Haus wollen würde.»

Ein anderes gewichtiges Argument gegen den extremen Determinismus *(alles ist vorherbestimmt)* ist jedenfalls unsere übliche Auffassung von Freiheit und Verantwortung – auch von teilweiser Freiheit – und unsere (westliche) Ablehnung des Fatalismus: Der Zufall als Notwendigkeit für eine offene Welt? Aus der Sicht des gesunden Menschenverstandes ist Determinismus einfach eine Sache des Grades (wie auch die Entitäten Ungewissheit und Freiheit).

Doch ist auch umgekehrt der echte Zufall in unserer gewöhnlichen Makrowelt eine Sache des Grades? Selbst wenn wir hier nichtkausale Ereignisse ausschließen möchten: schlägt die Quantentheorie nicht doch irgendwie durch? Wie ist es mit der kosmischen Strahlung? Und selbst wenn wir uns irgendwie wirksam abschirmen könnten: Wie ist es mit dem radioaktiven Kalium in unseren Zellen? Wissenschaftler haben geschätzt, dass ein ansehnlicher Anteil von realen ökonomischen Ereignissen ihre Ursachen in quantenphysikalischen Phänomenen haben dürfte.

Ist dann der Laplace'sche Dämon, dieses absolute Extrem, in der Makrowelt im Prinzip überhaupt ernsthaft denkbar? Oder ist er vielmehr von vornherein ein prinzipiell unmögliches Denkkonstrukt? Darauf werde ich im Kapitel 8 zurückkommen.

KAPITEL 2

Ein paar populäre Spiele – und ein unpopuläres

Die Ursprünge der Spieltheorie sind untrennbar verwoben mit denen der Wahrscheinlichkeitsrechnung, die sich zuerst aus einfachen Häufigkeitsüberlegungen beim Würfeln und Roulette entwickelte. Doch die eigentliche Spieltheorie befasst sich vielmehr mit Poker und Schach, wo die Entscheidungen der *Gegenspieler* ins strategische Kalkül zu ziehen sind.

Im Folgenden werden einige einfache Beispiele angegeben, vor allem, um ein paar weitere spieltheoretische Bezeichnungen zu illustrieren.

Knobeln (Schere, Stein, Papier)

Dieses bekannte Spiel stellt den beiden Spielern A und B die drei strategischen Alternativen P (Papier), S (Schere) und St (Stein) zur Wahl. Die möglichen Ergebnisse werden nach den drei Regeln: (1) Papier wickelt Stein ein, (2) Stein macht Schere stumpf und (3) Schere schneidet Papier ermittelt und lassen sich für beide Spieler in Form einer sogenannten *Bimatrix*, einem Doppelschema, darstellen («Bimatrix-Spiel»): In jedem der $3 \times 3 = 9$ Felder steht das Ergebnis (1 für Gewinn, −1 für Verlust, 0 für unentschieden) für Spieler A links unten, für Spieler B rechts oben.

Bimatrix

Spieler B

		P	S	St
Spieler A	P	0 / 0	1 / −1	−1 / 1
	S	−1 / 1	0 / 0	1 / −1
	St	1 / −1	−1 / 1	0 / 0

Die beiden Einträge in jedem Kästchen ergeben stets die Summe null, weil das, was der eine Spieler gewinnt, vom anderen bezahlt wird. Man nennt solche Spiele *Nullsummenspiele*.

Statt einer Bimatrix genügt in diesem Fall eine gewöhnliche Matrix, die die Ergebnisse für einen Spieler auflistet; die Ergebnisse für den anderen Spieler ergeben sich dann durch bloßen Vorzeichenwechsel. Bei einem Nullsummenspiel spricht man daher auch von einem *Matrixspiel*:

Matrix
für Spieler A

Spieler B

		P	S	St
Spieler A	P	0	−1	1
	S	1	0	−1
	St	−1	1	0

Matrix
für Spieler B

Spieler B

		P	S	St
Spieler A	P	0	1	−1
	S	−1	0	1
	St	1	−1	0

Wer mogelt, kann auf die gegnerische Strategie optimal antworten (mit S auf P, St auf S, P auf St) und immer gewinnen. Wird ehrlich blind gespielt, so hat man die Möglichkeit, mittels eines Zufallsmechanismus unabhängig vom Gegenspieler mit je ein Drittel Häufigkeit zwischen P, S und St hin und her zu wechseln, was jeder der neun Kombinationen die gleiche Häufigkeit 1/9 und somit für Spieler A ebenso wie für Spieler B das mittlere Resultat $1/9 \times (0 - 1 + 1 + 1 + 0 - 1 - 1 + 1 + 0) = 0$ liefert. Weicht einer der Spieler auf eine andere Häufigkeitsverteilung für P, S und St aus, während sein Gegner bei der Ein-Drittel-Strategie bleibt, so zeigt ein einfaches Durchrechnen, dass er sich nicht verbessern kann. Es herrscht also ein gewisses *Gleichgewicht.* Die Summe der (nichtnegativen) Häufigkeiten für P, S und St muss dabei 1 betragen.

Es ist wichtig, dass der Gegenspieler keinerlei verräterisches «Muster» herausfindet, aus dem er Schlüsse ziehen und die wirkungsvollste Erwiderung wählen könnte. Am besten wird dies dadurch sichergestellt, dass man die Entscheidung selbst offenlässt und sie einem Zufallsmechanismus anvertraut – gemäß dem Motto: «Unwissenheit ist die beste Methode gegen die Preisgabe von Information» (John von Neumann). Die toten Briefkästen der Geheimdienste illustrieren dieses Prinzip: Wenn ein Agent seinen Verbindungsmann nicht kennt, kann er ihn auch nicht verraten.

Wenn wir die einzelnen Entscheidungen mit Hilfe eines Zufallsmechanismus so *mischen,* dass wir sie selbst nicht vorhersagen können, spricht man von einer *gemischten Strategie.*

Das Offenbarungsspiel

In diesem Spiel ist Spieler A ein außerirdisches, intelligentes Wesen, kurz Alien genannt, das die Wahl hat, seine Existenz durch Offenbarung kundzutun (O) oder nicht (N). Spieler B ist ein Mensch, der die Wahl hat, an die Existenz dieses Aliens zu glauben (G) oder in Ungläubigkeit zu verharren (U) – ganz ohne Wahrscheinlichkeits- oder Plausibilitätsbetrachtungen. Die Bimatrix

Mensch

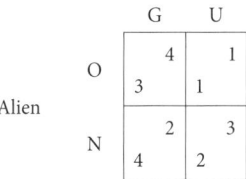

		G	U
Alien	O	4 3	1 1
	N	2 4	3 2

drücke die Präferenzen der beiden Spieler aus:

(A) Für das Alien ist ein Mensch, der «nicht sieht und doch glaubt», das höchste der Gefühle (4) und Unglaube trotz Offenbarung die größte Blamage (1); dass der Mensch auf Offenbarung hin glaubt, ist dem Alien lieber (3), als dass er bei Nichtoffenbarung ungläubig bleibt (2).

(B) Für den Menschen ist ein auf Offenbarung begründeter Glaube das Beste (4), bei Unglaube trotz Offenbarung muss er sich selbst dumm vorkommen (1); die Trotzhaltung «Du offenbarst dich nicht, also glaube ich nicht» ist diesem Menschen immer noch lieber (3) als blinder Glaube (2).

Die Trotzhaltung N, U (keine Offenbarung, kein Glaube) ist auf folgende Weise im Gleichgewicht: Beharrt das Alien darauf, sich nicht zu offenbaren, so kann der Mensch nur verlieren (3 → 2), wenn er zum Glauben übertritt; und verharrt der Mensch in seinem Unglauben, so kann sich das Alien nur blamieren (2 → 1), wenn es sich doch noch offenbart.

Bemerkungen zum Schach

Der deutsche Logiker Ernst Zermelo, der vor allem auch bahnbrechende Fortschritte in der Mengenlehre erzielte, bewies 1912 den ersten allgemeinen mathematischen Satz in der Spieltheorie. Danach existiert bei jedem endlichen Spiel mit *vollständiger Information*, etwa beim Dame- oder Schachspiel, eine optimale Lösung mit *reinen Strategien*. (Die Stoppregel, nach der jede Position im Schachspiel höchstens dreimal erlaubt ist, garantiert die Endlichkeit dieses Spiels.) Bei einer *reinen* Strategie ist kein Zufallszug (wie etwa beim Knobeln) notwendig. Und bei einem Spiel mit *vollständiger Information* hat jeder Spieler in jedem Stadium des Spiels Kenntnis von allen vorangegangenen Zügen (seinen eigenen und denen der anderen Spieler) sowie von allen erlaubten zukünftigen Zugmöglichkeiten. (Eine vollständige Information bedeutet aber nicht, dass die gegnerische *Strategie* bekannt ist!)

Allerdings handelt es sich um einen typischen Existenzsatz, der zwar besagt, dass es einen Weg gibt, dieses Spiel optimal zu spielen, aber keinen detaillierten Plan angibt, wie man in einem komplexen Spiel vorgehen muss, um zu gewinnen. Da beispielsweise beim Schach die Anzahl möglicher Zugfolgen etwa in der Größenordnung 10^{130} liegt, wird man die optimale Strategie – zumindest mit Hilfe heute vorstellbarer Mittel – praktisch niemals finden.

Schach ist ein formales Spiel mit genau definierten Situationen, Operationen und Regeln. Hauptsächlich deshalb, und dann aufgrund des Moore'schen Gesetzes, wonach sich die Rechenleistung der Computerchips spätestens alle zwei Jahre verdoppelt, war es prinzipiell vorauszusehen, dass die Schachprogramme einmal menschliche Weltmeister besiegen würden; *Deep Blue* und *Deep Fritz* waren die Anfänge.

Lotto (1)

Durch die Auswahl von sechs Zahlen aus 49 träumt jeder Lottospieler vom großen Gewinn. Bei knapp 14 Millionen Möglichkeiten (wir lassen die Superzahl außer Betracht) hat er eine Chance von etwa sieben Millionstel Prozent! Ich gebe zu, es ist nicht ganz leicht, sich diese verschwindend kleine Chance vorzustellen, zumal es andererseits jede Woche auch große Gewinner gibt. (Natürlich gibt es noch andere Gewinnklassen, die höhere Wahrscheinlichkeiten besitzen: 5 Richtige mit Zusatzzahl, 5 Richtige, 4 Richtige, 3 Richtige.)

Roulette und Black Jack haben fixe Auszahlungsquoten im Gewinnfall; es sind Spiele, bei denen es keine Rolle spielt, ob und wie viele Mitspieler ebenfalls gewinnen. Betrachten wir hingegen Spiele wie Lotto, Poker, Sportwetten oder Börsenspekulationen, fällt zuerst auf, dass es hier keine fixen Auszahlungsquoten gibt. Die Gewinnquoten variieren in Abhängigkeit von der Anzahl der Gewinner oder in Abhängigkeit von den Aktionen der übrigen Teilnehmer. Was die einen gewinnen, verlieren die anderen. (Bleibt die Summe der Gewinne gleich der Summe der Verluste, wird von einem Nullsummenspiel gesprochen. Bei allen Spielen kassieren allerdings stets auch Betreiber und Staat einen Anteil, sodass es sich höchstens um unechte Nullsummenspiele handelt.)

Wenn die Gewinnquoten aber von der Anzahl der Gewinner oder von den Aktionen aller Teilnehmer abhängen, steht ja nicht nur mehr der Gegenstand der Wette (Lottozahlen, Fußballvereine, Pferde, Aktien usw.) zur Debatte, sondern auch das mögliche Verhalten der übrigen Teilnehmer – und dieses muss ins Kalkül gezogen werden.

Zurück zum Lotto. Es ist eine Tatsache, dass dies ein reines Glücksspiel ist – in dem Sinne, dass jedem der fast 14 Millionen Sechsertipps die gleiche (Un-)Wahrscheinlichkeit zukommt. Also ist es gleichgültig, *welche* Zahlenkombinationen Sie ankreuzen? Um die richtigen Zahlen zu treffen, ist es in der Tat egal; treffen sie aber, steht die Höhe Ihres Gewinns noch in den Sternen. Erst nach der vollständigen Auswertung aller Teilnehmerscheine stellt sich heraus, mit wie vielen Mitgewinnern Sie teilen müssen.

Würden alle Teilnehmer wirklich zufällig tippen, dann würden die Gewinnquoten auch nur zufällig schwanken – wesentlich weniger als in Wirklichkeit. Bei Zufallsauswahlen ist die mathematische Erw?

3. Daraus und aus dem offiziellen Gewinnplan der Spiel-regeln (mit Einsatzminimum und Einsatzmaxima je Tisch sowie mit der Zéro-Regel) folgt die mathematische Erwartung E zu:

3a) $E = 1 \times (18/37) + (-1) \times (18/37) + (-1/2) \times (1/37) = -1/74 \approx -1,35\,\%$ des Einsatzes auf allen Einfachen Chancen;

3b) $E = (36 - k)/k \times (k/37) + (-1) \times (37 - k)/37 = -1/37 \approx -2,7\,\%$ des Einsatzes auf jeder anderen Chance mit der Wahr-scheinlichkeit $k/37$ ($k = 1, 2, 3, 4, 6, 9, 12$).

Wegen der konstanten Gleichwahrscheinlichkeit der Ereignisse und der völligen Unabhängigkeit der Coups sind im klassischen Roulette alle Spielsysteme (im Wesentlichen «Märsche» und Einsatzvariatio-nen) zum Scheitern verurteilt – zumindest auf Dauer. Hier gibt es nur eine optimale Strategie, das sogenannte «kühne Spiel» *(bold play)*, das wie folgt charakterisiert werden kann: Die maximale Chance des Spielers, bei einem ungünstigen Spiel eine bestimmte Summe zu ge-winnen, liegt darin, einen Einsatz zu tätigen, der ihm den Zielgewinn in einem einzigen Coup bringt, oder, falls dies nicht erlaubt ist, bis zur Erreichung seines gesteckten Ziels stets das erlaubte Maximum zu setzen.

Aus den Axiomen folgt auch, dass «Tendenzen» und «Trends» nicht nutzbar sind, weil die Ereignisse nicht von den vorangegangenen Er-eignissen abhängen. Die Würfe einer unverfälschten Münze zum Bei-spiel sind unempfindlich gegenüber der Wahl des Ausgangspunktes: Wird eine Teilfolge jener Würfe gebildet, die aufgrund irgendeiner von der Vorgeschichte bis zum gewählten Punkt abhängenden Taktik oder Auswahlregel zustande kamen, so erhält man immer noch eine Wahrscheinlichkeit von 1/2. Die Unempfindlichkeit gegenüber der Wahl des Ausgangspunktes kann auch anders ausgedrückt werden die Physiker nennen das ein *Prinzip der Impotenz*: Man kann kein Spielsystem mit positivem Erwartungswert gegen eine unverfälschte Münze konstruieren – natürlich auch nicht gegen Gerade und Ungerade oder Rot und Schwarz im Roulette, selbst wenn dieses kein Zéro enthielte.

Viel mehr Grundsätzliches lässt sich über das klassische Roulette kaum sagen. Obwohl es unzählige Gewinnsystemerfinder, Händler und Systemiers gibt.

Manchmal ist man trotz mathematischer Evidenz geneigt, sich zu fragen, ob es nicht doch kluge Strategien geben könnte, die die negative Erwartung des blinden Zufalls auszutricksen vermögen.

Vor einigen Jahren, 1997/98, wollte ich einem Neuronalen-Netz-Programm eine Fangfrage stellen, fütterte es mit zahlreichen Roulette-Permanenzen und fragte es nach einer optimalen Strategie bei Einfachen Chancen: Worauf würde es nach einem bestimmten Vorlauf setzen?

Obwohl das Neuronale Netz natürlich nichts über die negative Erwartung wusste, setzte es mal auf die eine (z. B. ROT), mal auf die andere Einfache Chance (z. B. GERADE). Und gewann kontinuierlich. Donnerwetter! Jetzt war ich ratlos. Nach Analyse der Setzsignale wurde mir das Muster allmählich klar … Ein Bekannter schlug hartnäckig vor, das System in der Praxis zu spielen. Das taten wir dann auch, bespielten simultan zwei Tische (Risikostreuung!) und häuften an etwa 50 Abenden einen schönen Gewinn an. Die «Strategie» des Neuronalen Netzes taufte ich «Wette auf Abbruch von Ordnungen» und unterzog sie auch einem Langzeittest mit Permanenzen. Dieser Test zeigte uns, dass das System keiner Jahrespermanenz (etwa 100 000 Coups) standhielt, und zwar zu einem Zeitpunkt, wo wir schon einen Gewinn von etwa 70 000 DM hatten. Wir beschlossen, weiterzuspielen und den laufenden Gewinn nach unten abzusichern; so erreichten wir etwas mehr als 150 000 DM. Das System und die Geschichte sind in meinem Buch *Faszination Roulette – Phänomene und Fallstudien* wiedergegeben.

Wie ist es nun mit dem Roulette in der Praxis? Ist das real existierende Roulette ebenfalls klassisch? Wenn nein: Kann man daraus einen Vorteil ziehen? Auf diese Fragen werde ich im Abschnitt Roulette (2) in Kapitel 4 eingehen.

Black Jack (1)

Black Jack wird mit einer gewissen Anzahl von Decks (Stapeln) zu 52 französischen Karten zwischen der Bank, repräsentiert durch den Dealer, und dem Spieler, auch Boxinhaber genannt, gespielt. Der Spieler macht seinen Einsatz und erhält zwei Karten, der Dealer eine. Alle Karten werden zufällig gezogen und offen ausgelegt. Ihr Punktewert ist die aufgedruckte Zahl; Bilder (Bube, Dame, König) haben den Wert 10 (wie auch die Zehn), und das Ass zählt wahlweise 1 oder 11, je nach Wahl des Boxinhabers (diese mögliche Zweiwertigkeit ist ein besonderer Reiz bei diesem Spiel). Ziel ist es, eine bessere Hand zu erreichen als der Dealer, ohne die Punktezahl 21 zu überschreiten. Dazu kann der Spieler weitere Karten verlangen («kaufen»).

Ergeben die beiden ersten Karten 9, 10 oder 11 Punkte, darf der Spieler seinen Einsatz verdoppeln *(double down)* und erhält noch genau eine Karte.

Haben die ersten beiden Karten gleichen Punktewert – bilden sie *ein Paar* –, darf sie der Spieler gegen einen zweiten, gleich hohen Einsatz in zwei Hände teilen (oder *splitten*). Für jede Hand kann er dann weitere Karten verlangen. Werden zwei Asse gesplittet, erhält der Spieler auf jedes Ass nur *eine* weitere Karte.

Beim Kaufen weiterer Karten kann es sein, dass die Punktezahl für die Hand des Spielers 21 überschreitet: er hat sich «überkauft» – und somit ist diese Partie (und sein Einsatz) für ihn verloren.

Am Ende der Entscheidungen des Spielers komplettiert der Dealer seine Hand. Dabei muss er bis zu einem Punktestand von 16 noch ziehen (eine weitere Karte nehmen) und ab 17 stehen bleiben. Andere

Optionen hat der Dealer nicht – der damit für das Spiel lediglich eine «Automatenfunktion» erfüllt. Und natürlich kann er sich auch überkaufen, in welchem Fall der Spieler gewinnt, falls dieser sich nicht bereits selbst überkauft hat.

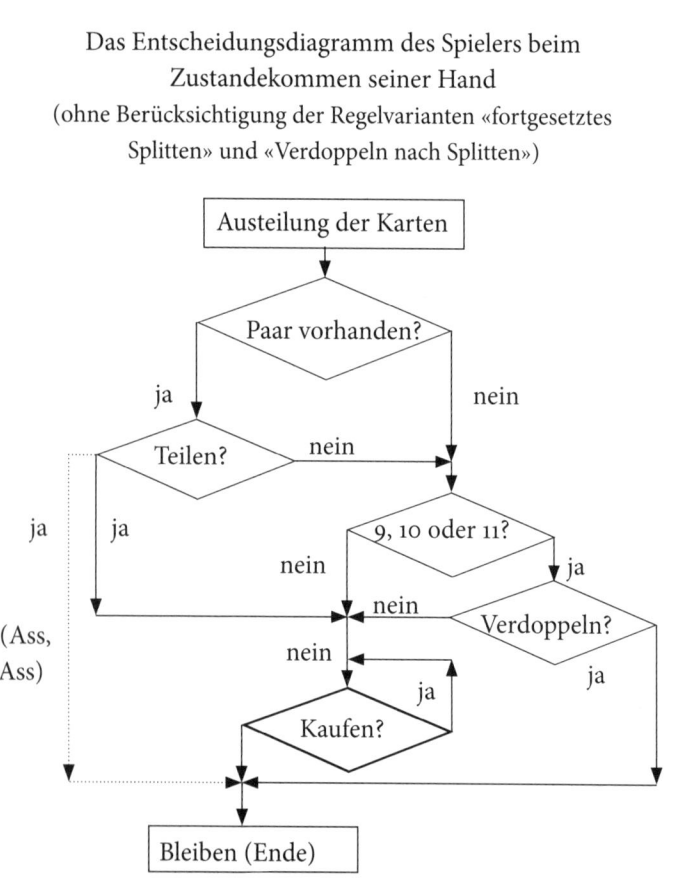

Das Entscheidungsdiagramm des Spielers beim Zustandekommen seiner Hand
(ohne Berücksichtigung der Regelvarianten «fortgesetztes Splitten» und «Verdoppeln nach Splitten»)

Austeilung der Karten

Paar vorhanden?

ja   nein

Teilen?   nein

ja   ja

9, 10 oder 11?

nein   ja

nein   Verdoppeln?

(Ass, Ass)   nein   ja

Kaufen?   ja

Bleiben (Ende)

Anmerkung: Hat sich der Spieler überkauft, hat er sofort verloren.

Nun werden die Blätter des Spielers und des Dealers, sofern sich keiner überkauft hat, bewertet und miteinander verglichen. Ist die Punktezahl des Spielers größer, gewinnt er den Betrag seines Einsatzes. Hat der Dealer eine höhere Punktezahl, so ist der Einsatz an die Bank verloren. Ein Punktegleichstand wird als unentschieden (*stand off* oder *égalité*) bewertet (kein Gewinn, kein Verlust).

Erreicht der Spieler die Punktezahl 21 mit seinen ersten beiden Karten (Ass und Bild oder Zehn), hat er einen «Black Jack», der ihm einen Gewinn vom Anderthalbfachen seines Einsatzes bringt – sofern der Dealer nicht auch einen Black Jack hat.

Es gibt auch die Möglichkeit für den Spieler, sich gegen einen Black Jack der Bank zu versichern, falls die erste Karte des Dealers ein Ass ist. Dies ist jedoch eine separate, hier gar nicht relevante Wette, auf die ich nicht weiter eingehe.

So viel zu den Spielregeln, die von Casino zu Casino noch leicht variieren können – zum Beispiel im Hinblick darauf, ob fortgesetztes Splitten oder auch Verdoppeln nach Splitten erlaubt ist oder nicht.

Das Casinospiel Black Jack ist gut etabliert und hat seine treuen Anhänger. Immerhin hat der Spieler gewisse Entscheidungs- und Aktionsmöglichkeiten, die der Bank nicht zustehen. Zum Beispiel kann er bei zwölf Punkten schon stehen bleiben oder bei siebzehn noch kaufen. Und gegen einen zusätzlichen Einsatz beim Verdoppeln und Splitten kann er seine durchschnittliche Auszahlung erhöhen, wenn die Situation für ihn günstig ist.

Auf der anderen Seite hat der Spieler auch einen offensichtlichen Nachteil: Er hat verloren, sobald er sich überkauft – auch wenn sich die Bank schließlich ebenfalls überkauft. Die Kernfrage lautet daher: Kann der Spieler diesen Nachteil durch eine geschickte Strategie wettmachen? Dieser Frage werden wir im Abschnitt Black Jack (2) in Kapitel 4 nachgehen.

Poker (1)

Totenstille, *Pokerface* und mit Killerinstinkt alles auf eine Karte …
Kaum ein Spiel wird im Film spannender dargestellt. Poker, das einst
schmuddelige Unterweltglücksspiel, hat sich heute in Privatrunden,
Hinterzimmern, exklusiven Salons, Casinos, Fernsehstudios und im
Internet etabliert.

Nüchtern und emotionslos betrachtet ist Poker erst einmal ein
Glücksspiel mit *unvollständiger Information*. Im Gegensatz zu Schach,
wo beide Spieler stets die Stellung vor Augen haben, können Pokerspieler das komplette Blatt ihrer Gegenspieler nur erraten. Die Auszahlungen hängen – auch wegen der Kartenausteilung – vom Zufall
ab und dann vor allem von den Entscheidungen aller Mitspieler.
Grundkenntnisse in Kombinatorik und Wahrscheinlichkeiten einerseits sowie in der speziellen «Pokerpsychologie» andererseits sind
zweifellos nützlich.

Pokermodell in vitro

Um wesentliche Grundmechanismen der Entscheidungen bei diesem
Spiel besser zu verstehen, wähle ich ein denkbar einfaches Modell
(nach Karl Sigmund, *Spielpläne*). In diesem vielleicht einfachsten
Pokermodell kommen nur zwei Spieler vor und zwei Spielkarten,
nämlich Ass und König:

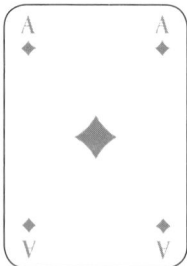 

Jeder Spieler zahlt einen Euro in den Pot. Der erste Spieler zieht eine der beiden Karten, schaut, welche es ist, und hat dann zu entscheiden, ob er passt und damit seinen Einsatz verliert oder ob er einen weiteren Euro in den Pot setzt. Wählt er Letzteres, so hat der zweite Spieler (der nicht weiß, welche Karte gezogen wurde) ebenfalls zwei Möglichkeiten: Entweder er passt und verliert damit seinen Einsatz, oder er erkauft sich das Recht, die Karte zu sehen, indem er auch um einen Euro steigert (diese Entscheidung wird in der Pokersprache auch *Callen* genannt). Dann wird die Karte aufgedeckt: Zeigt sie ein Ass, so gewinnt der erste Spieler den gesamten Einsatz; ist sie ein König, so gewinnt der zweite.

Dieses Spiel ist zwar nicht so aufregend wie richtiges Pokern, es weist aber in geraffter Form dessen wichtigste Elemente auf, nämlich *Passen* und *Bluffen*.

Führen wir es einmal durch. Der erste Spieler (A) wird natürlich nicht passen, wenn er ein Ass zieht. Die Strategie *Bluffen* bedeutet: Erhöhe den Einsatz, falls du nur einen König hast.

Für den zweiten Spieler (B), der nicht passen kann, wenn der erste aufgibt, bedeutet die Strategie *Mithalten*: Erhöhe deinen Einsatz, wenn der andere seinen erhöht hat.

Falls sich also Spieler A fürs Bluffen und Spieler B fürs Mithalten entschieden hat, sind zwei Ergebnisse gleich wahrscheinlich: 1. Spieler A hat ein Ass gezogen und gewinnt daher zwei Euro; 2. Spieler A hat einen König und verliert zwei Euro. Seine *durchschnittliche* Auszahlung ist in diesem Fall für Spieler A null.

Blufft zwar Spieler A wieder, aber entscheidet sich Spieler B fürs Passen, gewinnt Spieler A mit Sicherheit einen Euro; und so weiter.

Nachfolgend die Gewinntabelle des ersten Spielers (A) bei diesem vereinfachten Poker. Da es sich um ein Nullsummenspiel handelt, muss der zweite Spieler (B) für die Gewinne des ersten aufkommen.

	Spieler B passt	Spieler B hält mit
Spieler A blufft	1 Euro	0 Euro
Spieler A passt	0 Euro	50 Cent

In diesem Spiel ist Spieler B im Durchschnitt auf der Verliererseite, weil er weniger weiß als Spieler A. Doch dieser Nachteil kann dadurch ausgeglichen werden, dass die beiden Spieler abwechselnd beginnen.

Die Auszahlungen entsprechen Durchschnittswerten und müssen statistisch interpretiert werden: In einer langen Reihe von Pokerspielen erhält Bluffen gegen Mitmachen im Mittel die Auszahlung null.

Nun kommen wir zu Einsichten und Schlüsselbetrachtungen über das Verhalten der Spieler, über einfältiges oder verräterisches Verhalten, das vom Gegenspieler leicht durchschaut werden kann; und wie man Preisgabe von Information prinzipiell vermeidet.

Stellen Sie sich vor, Spieler B hält dauernd mit. Dann ist abzusehen, dass Spieler A das Bluffen nach einiger Zeit seinlassen wird. Denn wenn Spieler A seinen Einsatz nur dann erhöht, wenn er ein Ass hält, sichert er sich einen mittleren Gewinn von einem halben Euro. Wohlgemerkt gilt das nur, wenn Spieler B stets mithält. Doch sobald dieser begreift, dass Spieler A das Bluffen aufgegeben hat, wird er immer passen, wenn der andere den Einsatz erhöht. Spieler B hört also mit dem Mithalten auf.

Spieler A, der jetzt im Mittel nichts mehr gewinnt, wird versucht sein, wieder zu bluffen, da Spieler B nun stets passt. Aber wenn Spieler A nun wieder regelmäßig blufft, wird Spieler B natürlich wieder mithalten. Wir befinden uns wieder am Ausgangspunkt. Man braucht kein erfahrener Pokerspieler zu sein, um einzusehen, dass manchmal geblufft werden soll und manchmal nicht. Aber wann?

Sollten wir bluffen, wenn unsere Verluste groß sind und wir aufholen müssen? Das könnte unser Gegenspieler durchschauen. Oder sollten wir bluffen, wenn der Gegenspieler zögerlich wirkt? Wieder könnte der andere unsere Gedanken erraten und sich verstellen.

Am sichersten ist es, wenn wir unsere Entscheidungen selbst nicht vorhersagen können, wenn wir unsere Strategien *mischen*, um das Risiko zu vermeiden, sie unwillkürlich irgendwie zu verraten. Das können wir tun, indem wir die Entscheidung etwa einem Münzwurf anvertrauen. Wird der Zufall zur Entscheidung herangezogen, begründet dies eine *gemischte Strategie* – wie wir beim Knobeln schon gesehen haben.

Spieler B könnte beispielsweise beschließen, immer dann mitzuhalten, wenn der Münzwurf «Kopf» zeigt. Spieler A könnte allerdings noch immer im Durchschnitt jeden zweiten Bluff aufdecken. Er wird sich ausrechnen, dass Bluffen jetzt eine mittlere Auszahlung von einem halben Euro liefert, Nichtbluffen aber einen Vierteleuro bringt. Somit wird er bluffen. Spieler B verliert jetzt im Durchschnitt 50 Cent pro Spiel. Er wird gut daran tun, nicht so oft zu passen. Tatsächlich kommt Spieler B am besten davon, wenn er in zwei von drei Fällen mithält. Dann kommt Spieler A im Schnitt (vgl. die obige Tabelle) auf einen Euro pro Spiel, ganz gleich, ob er jetzt blufft oder nicht. Spieler B hat also eine Strategie gefunden, um seine Verluste zu minimieren. Ebenso kann der erste Spieler sich ein garantiertes Durchschnittseinkommen von einem Drittel Euro pro Spiel sichern, ganz gleich, was der andere tut, wenn er in einem von drei Fällen blufft – zufällig natürlich. Dieses einfache Pokerspiel lässt sich zu einem klassischen Theorem der Spieltheorie erweitern – wie wir im nächsten Kapitel sehen werden.

Außerdem werden wir im Abschnitt Poker (2) in Kapitel 4 außer dem Bluffen eine weitere, sogar raffiniertere Variante des *verkehrten Signalisierens* bzw. der Verschleierung diskutieren: das sogenannte *Slowplaying*.

Mathematik als ein Science-Fiction-Spiel

Mathematik als ein Spiel? Die reine Mathematik ist es allemal. Sogar als ein Spiel *in vitro*, wie ein Gesellschaftsspiel, denn sie hat nicht nur klare, übersichtliche Regeln, sondern erzeugt auch eigene, synthetische Welten. Freilich gibt es unzählige Brücken zwischen diesem Science-Fiction-Spiel und der Wirklichkeit, die Mathematik durchdringt alles, aber hinsichtlich der Welt ist sie nur eine Methode ihrer Beschreibung – wie die natürlichen Sprachen, nur viel präziser. Die Welt an sich ist nicht wirklich mathematisch – oder, so könnte man auch sagen, die mathematischen Beschreibungen der Welt sind es trivialerweise (und können, genauso wie sprachliche Beschreibungen, falsch sein).

Doch als Spiel scheint Mathematik bei weitem nicht so populär zu sein wie die anderen beschriebenen Spiele. Das überrascht nicht, denn die mathematischen Anwendungen sind kaum verständlicher als das puristische Spiel selbst: Formeln, Formeln, Formeln. Dabei haben mathematische Formeln nicht mehr Wahrheitsgehalt als die Gedanken, die sie verkürzt symbolisieren. Man könnte das mathematische Gedankengut im Prinzip auch in natürlicher Sprache ausdrücken, doch das Ergebnis wäre so komplex, dass es weder Sprachwissenschaftler noch Mathematiker überschauen könnten.

Mathematik in der Presse
Manchmal fügt die Presse exotische Formeln in ihre Überschriften ein. Ein paar Beispiele:

Fäden, Membranen, elf Dimensionen

$$\{Q_\alpha, \overline{Q}_\beta\} = \Gamma^\mu_{\alpha\beta} P_\mu + \frac{1}{2!}\,\Gamma^{\mu\nu}_{\alpha\beta}\, Z^{(2)}_{\mu\nu} + \frac{1}{5!}\,\Gamma^{\mu\nu\rho\sigma\tau}_{\alpha\beta}\, Z^{(5)}_{\mu\nu\rho\sigma\tau}$$

«Wenn diese Formel für Supersymmetrie falsch ist, wird die Erklärung der Welt noch sehr viel komplizierter» (*Die Zeit*, 31/1999)

Die Formel des Dr. Drake

$$N = R_* \times f_p \times f_h \times n_{pot} \times f_L \times f_{IQ} \times f_{com} \times \lambda$$

«Wie viele Zivilisationen bevölkern die Milchstraße?» (*Frankfurter Allgemeine Zeitung*, 51/2001)

Ehebruchrechnung

$$f(t + 1) = a + r_1 \times f(t) + emf\,[m(t)];$$
$$m(t + 1) = b + r_2 \times m(t) + efm\,[f(t)];$$

«Vom Ende einer Ehe bis zum perfekten Schwung in die Parklücke – Mathematiker beschreiben hier den ganzen Wahnsinn unseres Alltags» (*Süddeutsche Zeitung Magazin*, 6/2006)

Die neue Weltformel

$$\rho(\mathbf{r},t) = \frac{4}{L_x L_y} \sum_{\mathbf{k}} \tilde{\rho}(\mathbf{k})\cos(k_x x)\cos(k_y y)\exp(-k^2 t)$$

«Wissenschaftler finden einen Algorithmus, der globale Probleme bildlich darstellt» (*AbendZeitung*, 16. 8. 2006)

Einsteins Erben in den Banken

$$C = SN(d) - L\exp^{-rt} N(d - \sigma\sqrt{t}); \; d = \frac{\ln\frac{S}{L} + (r + \frac{\sigma^2}{2})t}{\sigma\sqrt{t}}$$

«Die Black-Scholes-Formel für die Bewertung von Optionen: das kleine Einmaleins des *Financial Engineering*» (*Frankfurter Allgemeine Zeitung*, 115/2005)

Es ist kaum möglich, auf diese Formeln einzugehen, ohne weit auszuholen und tief in die jeweilige Materie einzudringen; die einfach strukturierte Formel des Dr. Drake habe ich ausführlich in meinem Buch *Abenteuer Mathematik* besprochen. Sie mögen nun einwenden, das alles sei ja gar keine Mathematik im engeren Sinne – und Sie haben recht; doch Mathe bleibt Mathe, ganz egal, was sie durchdringt.

Wie sympathisch muten da scheinbar einfache Formeln wie $E = mc^2$ oder P = NP an! Während Einsteins Formel die berühmteste der Wissenschaft ist, die viele Menschen richtig deuten können, ist die Frage, ob P = NP gilt, *das* Problem der theoretischen Informatik, für dessen Lösung ein Preis von einer Million Dollar ausgelobt ist (siehe *Die*

Top Seven der mathematischen Vermutungen). Die «schönste» Formel der Mathematik ist freilich schon schwieriger zu durchschauen: $e^{i\pi} = -1$ bzw. $e^{i\pi} + 1 = 0$ (siehe *Die Top Ten der schönsten mathematischen Sätze*).

Die Presse überrascht immer wieder mit exotischen Formeln für alle möglichen Aspekte der Wirklichkeit – etwa die Formel für den Verkehrsstau oder die Formel, wie stark jemand beim Gehen oder Laufen im Regen durchnässt wird. Ein Beispiel für einen besonders gut gelungenen Versuch, dem Publikum das Wirken der Mathematiker näherzubringen, ist der Artikel «Helden, Bunnys und Zigarren» von Karin Steinberger in der *Süddeutschen Zeitung* über den letzten Mathematikerkongress Ende August 2006 in Madrid. Der Kongress, der alle vier Jahre stattfindet, stand diesmal ganz unter dem Zeichen der Poincaré'schen Vermutung, eines der sieben Millennium-Probleme, das von Grigori Perelman gelöst wurde. Doch der eigenwillige Russe glänzte nicht nur durch seine Abwesenheit, er hatte im Vorfeld auch die Fields-Medaille – als Nobelpreis für Mathematik angesehen – abgelehnt. In der 70-jährigen Preisgeschichte gab es nur einmal einen ähnlichen Eklat, als der Franzose Alexandre Grothendieck 1966 nicht nach Moskau kam, um sich die Fields-Medaille abzuholen – aus politischen Gründen. In seinen mathematischen Vorlesungen redete er immer öfter über Friedenstheorien; und 1991 tauchte er unter – als eine Art Einsiedler irgendwo in den Wäldern der Pyrenäen, wird gemunkelt.

Alle Wissenschaftler erleben Höhen und Tiefen, doch nirgends dürfte es für die Einzelnen so extrem zugehen wie in der Mathematik, vor allem emotional. Die einen verhaken sich, manchmal jahrzehntelang, die anderen profitieren davon, weil sie den Haken umgehen können. Manche werden darüber wahnsinnig, andere zynisch, wieder andere berühmt. Mathematik ist ein geistiger Kampf, ein Wettlauf, «a young man's game», wie der englische Mathematiker G. H. Hardy im Alter geschrieben hat. Und doch bauen alle am selben Gebäude, seit Menschengedenken. Terence Tao, der Fields-Preisträger in

Madrid: «Die Mathematik braucht Leute, die sich reinarbeiten und ganz abtauchen. Natürlich gibt es welche, die da unten hängen bleiben und von denen niemand mehr weiß, was sie genau machen. Einige beschreiben Sackgassen, und davon profitieren wiederum andere. Das Schöne ist, die müssen nichts miteinander zu tun haben; Mathe ist wie Geld, es funktioniert immer, zwischen allen Kulturen, allen Typen.» Und, so können wir hinzufügen, Mathematik funktioniert auch über alle geschichtlichen Epochen, seit Tausenden von Jahren. Ihre Wahrheiten sind universell und gelten ewig.

Das puristische Mathe-Spiel

Betrachten wir die Elemente des Spiels «Mathematik»:

1. Ganz allgemein befasst sich die Mathematik mit Mengen und ihren Beziehungen zueinander; das sind ihre Objekte.
2. Den Ausgangspunkt des Spiels – einer mathematischen Theorie – bildet ihr *Axiomensystem*. Dabei wird jedes *Axiom* (synonym: *Postulat*) als gültige Grundaussage angesehen, die nicht weiter bewiesen zu werden braucht.
3. Das Spiel besteht nun darin, Aussagen (synonym: Behauptungen, Sätze, *Theoreme*) über die Objekte dieses Axiomensystems mit Hilfe der Regeln der Logik abzuleiten, zu beweisen.

Die Einführung adäquater Definitionen ist ein wichtiges kreatives Element. Manchmal kann eine Definition sogar neue Aspekte oder Wege in der Mathematik eröffnen, wie zum Beispiel Georg Cantors Definition der «wohlgeordneten Menge» (siehe *Die Architektur der Mathematik*).

Es fällt auf, dass die «Auszahlung» als Element des Spiels hier fehlt. Seien Sie unbesorgt – sehen Sie «Spaß» vorerst als die wichtigste Auszahlung an; im Laufe der Zeit und bei wachsender Erfahrung können dann Befriedigung, Selbstwertgefühl und sogar konkrete Preise und Auszahlungen hinzukommen.

Auffällig ist auch, dass das Mathe-Spiel dem Scrabble-Spiel, bei dem es darauf ankommt, gewürfelte Anfangsbuchstaben zu Wörtern mit Bedeutung zu ergänzen, sehr ähnlich ist. Man braucht Scrabble nur etwas abzuändern: Statt Anfangsbuchstaben nehmen wir gedachte, durch ein paar Eigenschaften festgelegte Objekte und versuchen mit Hilfe von Gedankenexperimenten, Beziehungen zwischen diesen Objekten zu erraten – und zu beweisen. Diesen Beziehungen sollen – wie den Wörtern beim Scrabble – bestimmte Bedeutungen zukommen. Sinn und Zweck dieses Spiels bestehen darin, mehr über die gedachten Objekte zu erfahren: über ihre *Beschaffenheit*, ihre innere *Struktur*, ihre *Beziehungen* zu anderen Objekten, ja zuerst sogar über ihre *Existenz*.

Unser modifiziertes Scrabble-Spiel stellt bereits ein Modell dar, wie Mathematik betrieben wird. Es gibt offenbar unendlich viele Objekte, die denkbar sind – eine Vorstellung, die an sich schon unmöglich erscheint. Sie können sich eine noch so große Anzahl gedachter, wohldefinierter Objekte vorstellen: es gibt immer noch eine größere. Allein die Anzahl möglicher Zugfolgen im Schachspiel ist viele Milliarden Milliarden Milliarden Mal größer als die Anzahl der Elementarteilchen im Universum. Mathematik gleicht einem unendlichen Spiel.

Die grundlegenden Elemente des Mathe-Spiels bedürfen noch einiger weniger Erläuterungen. Der einfache Begriff der *Menge* kann als Fundament der gegenwärtigen Mathematik angesehen werden. Ein Rudel Wölfe, eine Traube Beeren oder ein Schwarm Tauben sind Beispiele für Mengen von Dingen. Diese Dinge sind die *Elemente* der betrachteten Mengen – ihre «Mitglieder». Einerseits können verschiedene Beziehungsarten zwischen den Elementen oder den Teilmengen einer Grundmenge betrachtet werden, andererseits studieren Mathematiker auch Mengen von Mengen, Mengen von Mengen von Mengen ... – zuweilen Türme von fürchterlicher Höhe und Komplexität –, sonst nichts.

Um das Spiel spielen zu können, muss es ja irgendwo beginnen;

für jedes Spiel (jede Theorie) gibt es ein ihm zugrundeliegendes Fundament, bestehend aus strengdefinierten Begriffen, Operationen und grundlegenden Aussagen, die den Ausgangspunkt des Spiels (der Theorie) bilden und die nicht weiter bewiesen zu werden brauchen: sein Axiomensystem.

Dabei ist die *Logik* unentbehrlich. Aber sie ist nicht Gegenstand des Spiels, sondern vielmehr seine «Hygiene» – in etwa der Weise, wie wir Grammatik und Syntax als Hygiene der Sprache auffassen können.

Aussagen, Behauptungen, Sätze, *Theoreme*, die es aus den Grundaussagen oder Axiomen logisch abzuleiten gilt, sind schlicht «sprachlich gefasste Meinungen» – und im Weiteren auch jede Zusammenstellung von Zeichen, die einen Sinn ergeben. Das Ganze muss noch die Eigenschaft haben, entweder (logisch) wahr oder falsch zu sein, aber nicht beides zugleich. *Wahr* ist ein mathematischer Satz, wenn er logisch korrekt aus anderen wahren Sätzen mittels der logischen Deduktions- oder Beweisregeln abgeleitet werden kann. Selbstverständlich sind wir in erster Linie an *wahren* Aussagen interessiert; davon gibt es Abermillionen.

Die Entwicklung einer mathematischen Theorie ist dann ein überaus kreatives Science-Fiction-Spiel, das darin besteht, aus dem axiomatischen Fundament immer weitere Theoreme abzuleiten, die wiederum als Ausgangspunkte für weitere Herleitungen benutzt werden können. Dabei laufend auftauchende Fragen sind der Motor der Entwicklung.

Skurrile Aspekte des Spiels

Mathematik enthält reiche, vielschichtige, nicht nur quantitative Beschreibungsmöglichkeiten der Natur und der Wirklichkeit. Aber der Mensch muss interpretieren. So entspricht bei weitem nicht alles, was mathematisch beschrieben in ästhetisch ausgereifter Form vorliegt, einem wirklichen Tatbestand. Die Beschreibungsmöglichkeiten der Mathematik sind sogar so umfangreich, dass die meisten Modelle zuerst falsch sind. Ist die Qualität des mathematischen Modells mangelhaft – weil etwa eine Voraussetzung anhand des tatsächlichen Geschehens nicht ausreichend überprüft wurde oder fehlt –, dann kann man schon zu recht abstrusen Schlüssen kommen. Der Mathematiker Ronald Graham erinnert sich (Garfunkel/Steen: *Mathematik in der Praxis*, S. 45): «Hierzu fallen mir gerade die Leute ein, die als Erste mathematisch untersuchten, wie Bienen fliegen, und zu dem Ergebnis kamen, dass Bienen theoretisch gar nicht fliegen können. Die Bienen kümmerte das natürlich nicht. Das Modell wurde dann modifiziert, sodass die Bienen schließlich auch mathematisch betrachtet fliegen konnten.»

Den Gipfel der Ironie erreichen Hans-Peter Beck-Bornholdt und Hans-Hermann Dubben mit ihrer Geschichte «Das Genuesische Zepter» (in: *Der Hund, der Eier legt: Erkennen von Fehlinformation durch Querdenken*). Mit Hilfe der Vorlage von fünf eingeritzten Zahlen ($A = 294$, $B = 11$, $C = 3$, $D = 70$ und $E = 20$) auf einem angeblich prähistorischen Fund lassen sie eine Reihe obskurer Wissenschaftler die wichtigsten Naturkonstanten – und auch noch Informationen über die Zukunft – herleiten, und zwar nach der Formel

$$Y = A^a \times B^b \times C^c \times D^d \times E^e,$$

wobei die Exponenten (*a* bis *e*) auf ganzzahlige Werte zwischen -5 und 5 beschränkt sind. Diese mathematische Formel beschreibt alle Naturkonstanten mit fast beliebiger Präzision: die Kreiszahl π (Pi), die Euler'sche Zahl e, die Lichtgeschwindigkeit, die Ruheenergie des Elektrons, die Elementarladung, die Protonenmasse, den Bohr'schen Radius, die Gravitationskonstante usw.

Doch damit nicht genug. Die (angeblich) vor Jahrtausenden in das Zepter eingeritzten Zahlen sagen auch einige hochaktuelle Ereignisse mit erstaunlicher Genauigkeit vorher, zum Beispiel die Entdeckung von Leben auf dem Mars, Beginn und Ende des Zweiten Weltkriegs, das Jahr der deutschen Wiedervereinigung, die Einwohnerzahl von

Berlin am 3. Oktober 1990, die Längen des Suez-Kanals und der Chinesischen Mauer und sogar die Telefonnummer des Rettungsdienstes in Baden-Württemberg – lange vor Erfindung des Telefons. Einfach köstlich. Fehlt nur noch, dass Wahrsagerinnen beginnen, mit dieser Formel gewichtige zukünftige Ereignisse vorherzusagen …

Zweifeln Sie noch an der Omnipotenz mathematischer Beschreibungen? Jetzt sollten Sie erst recht daran zweifeln, da sie schlicht trivial sind; man kann sie auf alles passend machen – das heißt aber auch, sie passen von sich aus auf nichts wirklich. Bei dem, was die Mathematik vermag, geht es nicht nur um Formeln für quantitative Ausdrücke, sondern auch und vor allem um Strukturen. Mathematik ist in erster Linie eine *strukturelle* Beschreibungssprache. Und im Prinzip sind alle mathematischen Elemente zur künftigen Beschreibung der Welt bereits vorhanden – etwa wie die Buchstaben unseres Alphabets oder die musikalischen Noten für alle künftigen Werke.

Mathematik, Abstraktion und Wirklichkeit

Die mathematischen Strukturen sind inhaltlich a priori bedeutungslos. Diese Tatsache kann aber mühelos auf den Kopf gestellt werden: Da sie sich auf nichts Konkretes beziehen, kann argumentiert werden, dass sie sich auf alles nur Mögliche beziehen. Das beobachtbare Universum ist nur eine dieser Möglichkeiten.

Es scheint die überspitzte Charakterisierung des Logikers und Philosophen Bertrand Russell zuzutreffen, wonach Mathematik die Wissenschaft ist, bei der man nicht weiß, wovon man redet und ob das, was man sagt, den Tatsachen entspricht. Der Grund für diese Entfremdung ist die Abstraktion. Dabei ist Abstraktion nur ein Vereinfachungsprozess, bei dem das Unwesentliche weitgehend eliminiert, *abstrahiert* werden soll (lateinisch *abstrahere*, wegziehen). Abstraktion ist keinesfalls primitiver Reduktionismus, sondern Gedankenexperiment, Idealisierung, Konzentration auf das Wesentliche, Vereinfachung, manchmal bis zur Karikatur. Sie ist wohl die fruchtbarste Methode, Wissenschaft zu betreiben. Denn was auch immer an

Konkretem gebastelt wird: es muss erst irgendwie gedacht werden – oft in abstrakter, vereinfachter Form. Und keine Klarheit ist reiner als abstrakte. Aber keine Frage: Gedachtes ist auch eine Kategorie von Wirklichkeit.

Die konkrete Wirklichkeit ist oft so komplex und/oder kompliziert, dass wir sie ohne Vereinfachung nicht verstehen. Wir machen uns dann ein Modell von ihr. Dieses kann sich mehr und mehr von der Wirklichkeit entfernen, ja sogar ganz den Bezug zu ihr verlieren. Man neigt dazu, solche Modelle mit Eigenleben als *reine* Mathematik zu bezeichnen – im Gegensatz zur *angewandten* Mathematik, die vornehmlich auf die konkrete Wirklichkeit bezogene Probleme untersucht. An sich ist Abstraktion weder gut noch schlecht, sondern nur mehr oder weniger zweckmäßig. Vor allem sollte sie nicht mit Rechenkunststücken verwechselt werden.

Mathematisches Denken wurzelt zweifellos in der konkreten Wirklichkeit, auch wenn diese Abstammung manchmal schwer zu erkennen ist. John von Neumann, von dem noch die Rede sein wird, drückt dies so aus: «Ich halte es für eine relativ gute Annäherung an die Wahrheit – die viel zu kompliziert ist, um etwas anderes als Näherungen zu erlauben –, dass die mathematischen Ideen ihren Ursprung in der Empirie haben … Hat man sie aber einmal gewonnen, beginnt die Sache ein eigenes Leben zu führen und wird eher als kreativ betrachtet, ganz von ästhetischen Motivationen beherrscht, als … mit einer empirischen Wissenschaft verglichen.»

Doch als kulturelle Erweiterung und Bereicherung unserer natürlichen Sprache scheint mir die Mathematik eher der Struktur der Welt zu entspringen als umgekehrt.

Mathematik: die Technologie hinter den Technologien

Auch durch die Popularisierungsbemühungen der Medien weiß heute fast jeder, dass sich zahlreiche funktionale Zusammenhänge in Natur, Technik und Wirtschaft mathematisch beschreiben und modellieren lassen. Wahrscheinlich ist die Notwendigkeit, diese Zusammenhänge zu durchdringen und zu ordnen, eine wesentliche Motivation, Mathematik zu betreiben. Ohne Fragen und Ideen gibt es keine Antworten, keine neuen Produkte. Alle Vorstadien zu einem fertigen Produkt sind Simulationen, jeder Gedanke ist Simulation. Aber die Umkehrung ist nicht minder wahr: Das fertige Produkt ist schließlich eine realisierte Simulation der Gedanken über das Produkt.

Allen Produkten und Technologien, die unseren Alltag beherrschen, liegt Mathematik zugrunde. Computer, Röntgen oder Ultraschall, Autos, Roboter, Hochgeschwindigkeitszüge und Flugzeuge, automatisierte Banken, Logistik- und Navigationssysteme, Kommunikationsnetze wären ohne Algebra, Geometrie, Topologie, Kombinatorik oder Zahlentheorie nicht denkbar. Die Mathematik ist die abstrakte Technologie hinter den Technologien; ihr Nutzen ist weder von der Hand zu weisen, noch ist er bezifferbar.

Die Wirtschaft fordert nachdrücklich stets die anwendungsorientierte Forschung. Doch Anwendungs- kontra Grundlagenforschung ist eine von vielen falschen Alternativen. Kein Geringerer als Max Planck hat es überzeugend auf den Punkt gebracht: «Dem Anwenden muss das Erkennen vorausgehen.» Jedenfalls darf bezifferbarer Nutzen nicht das einzige Forschungskriterium sein. Niemand kann heute sagen, was wir in zwanzig, fünfzig oder hundert Jahren werden wissen müssen. «Wie die Geschichte zeigt, sind viele ausschließlich anwendungsorientierte Entwicklungen zusammen mit ihrer Anwendung obsolet geworden, während Theorien, die aus rein mathematischen Gründen entwickelt wurden, unerwartet fruchtbare Anwendungen ermöglichten», so Gerd Faltings, Empfänger der Fields-Medaille 1986. In Zukunft müssen wir uns immer mehr fragen, ob die *reine* Mathematik für dann konkret gewordene Probleme, mit denen wir uns herumschlagen, nicht schon längst die Instrumente für eine Lösung entwickelt hat. Denn als Ganzes ist sie eine Vorratskammer des menschlichen Wissens, und jedes mathematische Teilgebiet hat seinen Wirkungsbereich.

Mathematik und Biologie; Wirtschaft, Soziales, Psychologisches

Die Mathematik – und speziell die Spieltheorie – liefert nicht nur den Wirtschaftswissenschaften, sondern auch der Biologie einen Schlüssel zum Verständnis komplexer Anpassungsvorgänge. Denn die verschlungenen Wege der Evolution werden von den Zufälligkeiten der genetischen Kombinationslotterie, aus der wir Menschen alle hervorgegangen sind, ebenso gesteuert wie von den Notwendigkeiten erbitterter Kämpfe.

So kann man mit spieltheoretischen Modellen gesellschaftliche Fragen erörtern: Wie entsteht altruistisches Verhalten? Unter welchen Bedingungen kann es sich gegen egoistisches Verhalten durchsetzen? Hilft Strafe? Oder besser Belohnung? Hilft Moral? Sind kooperative Populationen nichtkooperativen Gesellschaften überlegen oder unterlegen? Dabei, so Karl Sigmund, Professor an der Wiener Universität, «beherrschen die meisten Menschen die Spieltheorie wunderbar, ohne ihre Grundlagen zu kennen. Besonders Politiker haben ein feines Sensorium dafür. Auch das lehrt die Spieltheorie: Menschen lassen sich durch Gefühle leiten, das führt oft zu besseren Lösungen als eine rationale Analyse. So wie wir beim Tennis instinktiv spüren, was die Mechanik langwierig berechnen müsste, so können wir auch soziale Zusammenhänge wunderbar abschätzen. Die menschliche Natur ist eine gute, soziale Natur, wir wurden im gewissen Sinn danach selektiert, dass wir zusammenarbeiten können, dass wir Teamplayer sind. Unsere Vorfahren sind seit mindestens 30 Millionen Jahren sozial».

Formal ganz ähnlich lassen sich auch inhaltlich sehr verschiedene Probleme behandeln: Vorgänge auf Finanzmärkten, Ausbreitung von Viren, Entstehung von Sprache. «In der Mathematik kommt man leicht und locker von einem Gebiet ins andere – und das mit leichtem Gepäck», sagt Sigmund und wird ein bisschen konkreter: «Es ist wunderbar: Wir Mathematiker können in *Animal Behaviour* genauso publizieren wie in *Financial Analyst*.» (So verwunderlich ist das auch wieder nicht – haben doch tierisches Verhalten und Herumschwirren auf dem Börsenparkett eine beachtliche Schnittmenge, wie wir noch sehen werden.)

Die folgende Abbildung veranschaulicht die zentrale Rolle mathematischer Methoden der angewandten Spieltheorie in allen möglichen Wissensgebieten des Menschen.

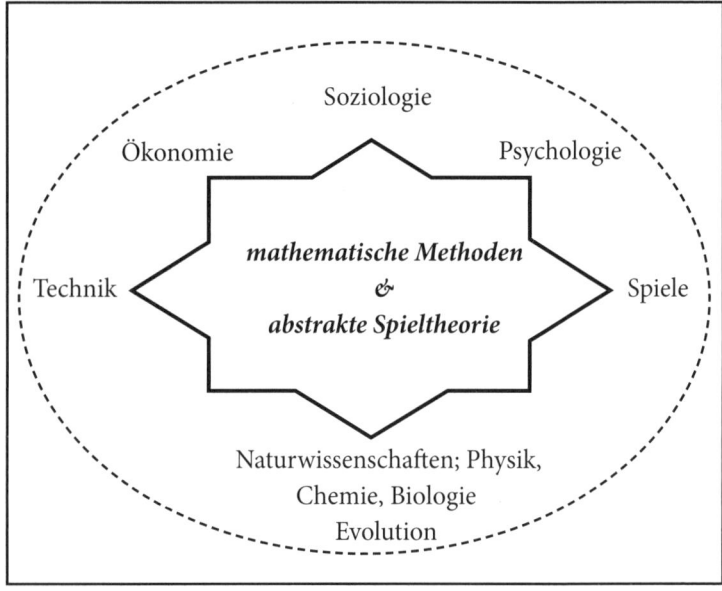

Die menschliche Vorstellungskraft können wir durchaus als einen Sinn deuten. Die Biologie legt uns nahe, dass sie genauso entstanden ist wie die anderen Sinne und dass sie unserem Überleben dient. «Die Wahrnehmung der Realität ist eine biologische Notwendigkeit», sagt der französische Biologe und Nobelpreisträger François Jacob. Sinne können uns täuschen, aber die Evolution hat uns auch Gegenmittel in die Hand gegeben: rationale – wenn auch nicht absolut objektive –

Instrumente, die uns in die Lage versetzen, Illusionen nicht zu ernst zu nehmen, sondern mit ihnen auch spielerisch umzugehen. Die Fiktionen der Mathematik sind aber nicht nur geistige Spielzeuge einer Handvoll Phantasten, sondern sie sind dadurch, dass sie uns helfen, eine tiefere Realität der Welt um uns herum zu entdecken, wichtige Instrumente für unser Überleben.

KAPITEL 3

Minimaxen, Eskalieren, Nachgeben, Kooperieren

Wie anlässlich der Bemerkungen zum Schach bereits erwähnt, war es der deutsche Logiker Ernst Zermelo, der 1912 den ersten allgemeinen mathematischen Satz in der Spieltheorie bewies. Danach existiert bei jedem endlichen Spiel mit *vollständiger Information* eine optimale Lösung mit *reinen Strategien*.

Angeregt durch die Untersuchung einiger elementarer Zweipersonenspiele, war es dann der französische Mathematiker Émile Borel um 1920, der den Begriff der *gemischten* (oder *randomisierten*) Strategie einführte – bei der eine Zufallsauswahl von Spielzügen in Betracht kommen kann. Als Beispiele wurden das Knobeln und das Pokerspiel angeführt.

Für Zweipersonen-Nullsummenspiele bewies dann 1928 John von Neumann, dass es stets *optimale gemischte Strategien* gibt und sich auch ein *Wert* für ein solches Spiel festlegen lässt. Verweilen wir ein bisschen bei diesem wichtigen klassischen Satz der Spieltheorie (und seinen Verallgemeinerungen bis zum *Nash-Gleichgewicht*).

Minimax-Denken: vorsichtiger Zweckpessimismus

Wenn die Spieler ihre Strategien richtig mischen, können sie *immer* ihre Mindestauszahlung maximieren oder, was auf dasselbe hinausläuft, den Maximalgewinn des Opponenten minimieren. Das gilt für alle endlichen Zweipersonen-Nullsummenspiele. Und die können grundsätzlich als (einfache) Matrixspiele dargestellt werden. Aus Gründen der Übersichtlichkeit möchte ich hier die üblichen Gesellschaftsspiele mit ihrer unüberschaubaren Strategiemenge vermeiden und wähle eine einfache Matrix mit wenigen Zeilen und Spalten. Das zugehörige Spiel steht als Modell für zahlreiche Spiele; man kann es sich etwa in folgender Form vorstellen: Jeder der beiden Spieler schreibt eine Zahl, die Nummer seiner Strategie, auf einen Zettel, ohne dass der Gegner Einsicht nehmen kann. Dann wird mittels der bekannten Auszahlungsmatrix von beiden gemeinsam festgestellt, welcher Spieler an den anderen eine Zahlung zu leisten hat und wie hoch diese ist. Die angenommene Auszahlungsmatrix für Spieler A ist nachfolgend aufgestellt; die für Spieler B hat die gleichen Auszahlungselemente, aber mit gegenteiligen Vorzeichen.

Matrix für Spieler A		Spieler B		
		B1	B2	B3
	A1	-1	2	3
Spieler A	A2	-2	1	1
	A3	-2	-3	-1

Welche Strategie soll gewählt werden? Welches Verhalten ist rational?

- Spieler A überlegt: Meine Strategie A1 bringt mir einen Verlust 1 («Gewinn» oder Auszahlung: –1) ein, wenn der Gegner B1 wählt, dagegen einen Gewinn von 2 beziehungsweise 3, wenn er sich für B2 beziehungsweise B3 entscheidet. Meine Strategie ist durch einen Verlust der Höhe 2 bedroht, während nur ein Gewinn 1 in Aussicht steht. Mit der Strategie A3 kann ich gar nichts gewinnen. Es handelt sich nur darum, ob mein Verlust 3, 2 oder 1 beträgt. Die Strategie A1 ist also für mich die beste.

●○○

- Spieler B überlegt: Meine Strategie B1 bedeutet auf jeden Fall für meinen Gegner einen Verlust, ich kann mir dadurch einen Gewinn von 1 oder 2 sichern. Mit der Strategie B2 riskiere ich einen Verlust der Höhe 2, falls der Gegner die Strategie A1 wählt. Entscheide ich mich für B3, so droht gar ein Verlust von 3. Ich kann also nichts Besseres tun, als B1 zu wählen.

Nach diesen Überlegungen schreibt Spieler A auf seinen Zettel A1, Spieler B auf den seinigen B1. Dann stellen beide fest, dass Spieler A verloren hat und an seinen Gegner den Betrag 1 zahlen muss.

Hat Spieler A nachträglich einen Grund, seine Wahl zu bereuen? Nein, denn jede andere hätte ihm noch größeren Verlust zugefügt. Er hat so gut wie möglich gespielt, aber er ist von Anfang an benachteiligt. Das Spiel ist nicht «fair» (der Begriff wird in Kürze definiert).

Das Gleichgewicht ist die bestmögliche Lösung

Nun sollen diese Überlegungen eine Spur allgemeiner gehalten werden. Spieler A ist an einem möglichst großen Auszahlungswert interessiert, Spieler B an einem möglichst kleinen – natürlich in der Matrix von Spieler A. Man spricht deshalb vom *Maximum-* beziehungsweise *Minimumspieler*. Jeder Spieler muss mit dem bestmöglichen Verhalten seines Gegners rechnen. Spieler A kann nur über die Zeilennummer in der Matrix entscheiden, über die Spalten verfügt der Gegner.

Durchmustert der Maximumspieler seine Strategien, so wird er in jedem Fall vorsichtshalber den für ihn ungünstigsten Ausgang erwägen. Er bestimmt also in jeder Zeile das Minimum. In der obigen Matrix lauten die Minima: −1, −2, −3. Unter diesen Zeilenminima sucht er den höchsten Wert heraus. Da −1 > −2 > −3 ist, beträgt das *Maximum der Zeilenminima* −1. Das ist das Beste, was er vernünftigerweise zu erwarten hat.

Entsprechend schließt der Minimumspieler, nachdem er die jeweils für ihn ungünstigste Entscheidung seines Gegners erwogen hat, dass das Minimum der Spaltenmaxima für ihn der bestmögliche Ausgang ist, da er ja keinesfalls damit rechnen kann, dass Spieler A sich selbst schaden will. Die Spaltenmaxima sind –1, 2 und 3. Ihr Minimum beträgt somit –1.

Beide Spieler kommen also von ihren gegensätzlichen Interessen her zum selben Element der Auszahlungsmatrix, –1, das dem Strategienpaar (A1, B1) entspricht. Welche Besonderheit führt sie darauf? *Dieses Element ist zugleich Maximum in seiner Spalte und Minimum in seiner Zeile*. Ein solches Element stellt ein *Gleichgewicht* dar.

Nicht jede Matrix enthält ein derartiges Gleichgewichtselement, wie etwa das Knobeln zeigt. Durch geeignetes *Mischen der Strategien* gelangen die Spieler dennoch zu einem Gleichgewicht. In ähnlicher Weise wird auch ein Pokerspieler zu einer optimalen gemischten Strategie finden, wenn er seine Aktionen «Passen» und «Bluffen» klug bestimmt und abwechselt. Wenn die Spieler ihre Strategien richtig mischen, gibt es somit stets einen oder mehrere Gleichgewichte mit gleichen Matrixelementen.

Der Wert des Spiels

Die Zahl, die dabei als Matrixelement an jedem Gleichgewichtspunkt auftritt, wird definitionsgemäß als *Wert des Spiels* festgelegt und mit v (*value*) bezeichnet. Spieler A kann sich durch rationales Verhalten (vernünftige Strategiewahl) den Gewinn v sichern, unabhängig davon, was Spieler B tut. Ebenso kann Spieler B durch vernünftiges Verhalten verhindern, dass er einen größeren Verlust als v erleidet, unabhängig davon, was Spieler A tut. Verhalten sich beide Spieler in diesem Sinne rational, so beträgt die Auszahlung genau v. Dies führt zu drei Fällen:

(1) $v > 0$ bedeutet, dass Spieler A gewinnt, Spieler B verliert;
(2) $v < 0$ bedeutet einen negativen Gewinn, das heißt einen Verlust für Spieler A und einen Gewinn für Spieler B (wie in unserem obigen Beispiel, wo $v = -1$ ist);
(3) $v = 0$ bedeutet, dass keine Auszahlungen erfolgen.

Es ist dann klar, was man unter einer *optimalen Strategie* versteht: Es ist eine Strategie, die einem Spieler mindestens einen Gewinn des Betrags v sichert, beziehungsweise einen höheren Verlust als v verhindert.

Ist der Wert v = 0, so wird das Spiel als *fair* bezeichnet.

Das *Minimax*-Denken bewertet jede Strategie nach ihrem schlechtestmöglichen Ergebnis, nimmt also an, dass der andere den schmerzhaftesten Gegenzug findet. Für den vorsichtigen Zweckpessimismus, mit dem Schlimmsten zu rechnen, spricht viel. Vor allem billigt diese Einstellung dem Gegner eine mindestens ebenbürtige Intelligenz zu. Die Unterschätzung des Gegners hat schon zu zahllosen Niederlagen geführt. Auch deshalb ist das Minimax-Prinzip die offizielle Entscheidungsdoktrin der US-Streitkräfte: sich bei der Wahl einer Strategie in erster Linie nicht nach den Absichten des Feindes, sondern nach dessen Kapazitäten zu richten – nach dem Schlimmsten, was der Gegner tun könnte, und nicht danach, was er am ehesten tun wird.

Das Gleichgewichtstheorem für Baumspiele

Zur Darstellung von Spielen können Modelle herangezogen werden, die die Züge deutlich zum Vorschein bringen, zum Beispiel das *Baummodell.*

In der Anfangssituation, symbolisiert durch einen Punkt, wird jede mögliche Wahl durch eine von ihm ausgehende Strecke ausgedrückt. Beim Schach zum Beispiel hat Weiß zwanzig Wahlmöglichkeiten, das Spiel zu eröffnen. Nachdem die Entscheidung für irgendeine von ihnen gefallen ist, kommt der nächste Spieler an die Reihe, der wiederum vor einer Anzahl von Möglichkeiten steht. Sie werden ebenfalls durch Strecken veranschaulicht. An jeder Verzweigungsstelle steht die Nummer des Spielers, der in der entsprechenden Situation am Zug ist. Durch jede Wahl wird ein Schritt auf einen Endzustand hin getan, der eine *Partie als einen Streckenzug* eindeutig kennzeichnet. Wegen der offensichtlichen Analogie wird ein solches mathematisches Gebilde als *Baum(graph)* bezeichnet.

Ein Spiel hat so viele Partien, wie sein Baum Endpunkte besitzt. «Spielende» bedeutet Ankunft an einer Baumspitze; dort stehen dann untereinander die Ergebniszahlen (Auszahlungen, *pay-offs*) für die Spieler. Folgende Baumdarstellung zeigt ein (fiktives) Dreipersonenspiel mit acht Partien.

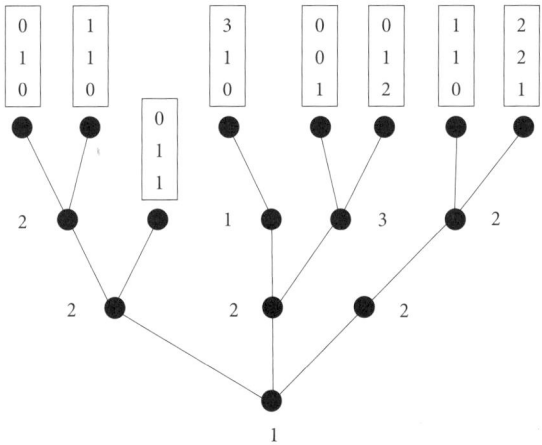

Es sollte eigentlich klar sein, was man unter einem Baumspiel für n Spieler zu verstehen hat. Wir gehen davon aus, dass jeder Spieler im Laufe der Partie die Strategien seiner n – 1 Mitspieler erfährt. Dann kann er seine eigenen möglichen Strategien daraufhin durchmustern, ob sie ihm eine Verbesserung seiner Auszahlung liefern, falls die n – 1 Mitspieler an ihren zunächst gewählten Strategien festhalten. Ist das Ergebnis negativ, so hat unser Spieler keinen Grund, seine Strategie zu ändern. Kommen alle n Spieler (jeder für sich) zu diesem Ergebnis, herrscht Gleichgewicht. Gibt es das immer? Ja: Der Amerikaner Harold W. Kuhn bewies 1950 das «Gleichgewichtstheorem für Baumspiele». Demnach besitzt jedes Baumspiel mindestens ein Gleichgewicht.

Dieser Satz ist, mathematisch gesehen, kombinatorischer Natur: Man operiert nur mit endlich vielen Möglichkeiten. Der Beweis gelingt mit Hilfe des Beweisverfahrens der vollständigen Induktion nach der Höhe N des Baumwipfels. Die mit dem Begriff Baumspiel verbundene Vorschrift, nach der sowohl alle Schritte als auch alle Strategiemöglichkeiten bekannt sein müssten (Spiel mit vollständiger Information), ist für die Gültigkeit des Kuhn'schen Gleichgewichtssatzes entscheidend. Dagegen können im Laufe des Spiels durchaus Zufallszüge vorkommen: entweder durch das zufällige Mischen reiner Strategien der Spieler oder aber im Rahmen der Spielregeln selbst, zum Beispiel durch Würfeln («Mensch ärgere dich nicht») oder durch die zufällige Zuteilung von Spielkarten, wie etwa beim Black Jack (auf die Gleichgewichtsstrategie – *Basisstrategie* – und den Wert des Spiels werde ich im Abschnitt Black Jack [2] in Kapitel 4 eingehen).

Das Gleichgewichtstheorem von Nash für nichtkooperative n-Personen-Spiele

Bei vielen Bimatrixspielen gibt es keine Gleichgewichtssituation. So sagen uns zum Beispiel die Pfeile in der folgenden Bimatrix, wie sich das Spiel im Kreise drehen würde, wenn die Spieler abwechselnd darüber nachdächten, wie sie auf die gerade vorliegende Strategie des Gegners am besten antworten:

Spieler B

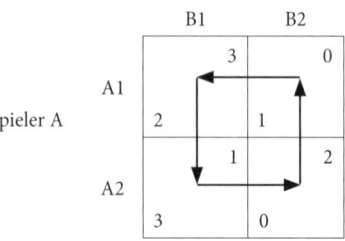

Auch beim Nullsummenspiel «Knobeln» ist der ungleichgewichtige Kreislauf offensichtlich, wie wir schon gesehen haben. Allerdings haben wir auch gesehen, dass die Spieler Gleichgewicht herstellen können, wenn sie ihre drei Strategien (Papier, Schere, Stein) *statistisch* mit Häufigkeiten von jeweils 1/3 und unabhängig voneinander spielen. In diesem Fall hat dann keiner der beiden Spieler mehr einen Grund, von seiner *gemischten Strategie* (1/3, 1/3, 1/3) abzugehen. Neben (1/3, 1/3, 1/3) gibt es unendlich viele *gemischte Erweiterungen* der drei reinen Strategien, nämlich alle (p, q, r) mit p, q, r ≥ 0 und p + q + r = 1.

Die Verallgemeinerung dieses speziellen Sachverhalts auf den Fall von n Spielern, deren jeder eine endliche Anzahl von Strategien zur Verfügung hat, führt zu einem Existenzsatz für einen Gleichgewichtspunkt: In jedem solchen *n-Personenspiel* gibt es mindestens einen Gleichgewichtspunkt aus *gemischten* Strategien. Das ist das *Gleichgewichtstheorem von Nash für nichtkooperative n-Personen-Spiele* (1950/51); das Adjektiv «nichtkooperativ» besagt lediglich, dass keine Kooperation zwischen den Spielern vorgesehen ist. Dieses Gleichgewichtstheorem ist der Kern von John Nashs Arbeiten über nichtkooperative Spiele, für die er 1994 den Nobelpreis für Ökonomie erhielt – zusammen mit John Harsanyi und Reinhard Selten.

Gleichgewichtstheoreme der mathematischen Ökonomie haben eine lange Tradition. Einige spezielle Varianten sind bekannt geworden als Tauschgleichgewicht, Produktionsgleichgewicht, Expansionsgleichgewicht und Oligopolgleichgewicht (Oligopol: Beherrschung des Marktes durch wenige große Unternehmen). Die Existenz eines jeden solchen Gleichgewichts ist durch mathematische Sätze garantiert – allerdings oft unter idealisierten, wirklichkeitsfernen Voraussetzungen. Gerade deshalb gibt es auch auf diesem Gebiet, wie nicht anders zu erwarten, noch zahlreiche ungelöste Probleme.

Spiele, Entscheidungen und Optimierungen in der Wirtschaft

Viele unserer täglichen Unternehmungen und Aktivitäten haben das Ziel, etwas zum Funktionieren zu bringen beziehungsweise zu einer befriedigenden *Entscheidung* zu kommen. Dabei sind oft viele Tätigkeiten im Zeitablauf zu koordinieren. Das gelingt mehr oder weniger gut, je nachdem, wie günstig die Vorgehensweise ist. Und unter allen brauchbaren Resultaten, die sich aus einer lösbaren Aufgabe ergeben, suchen wir jene, die hinsichtlich des anvisierten Ziels günstiger sind als andere: wir *optimieren*. So werden wir zum Beispiel bestrebt sein, gleiche Qualität möglichst billig einzukaufen, bei gleichem Anlagerisiko eine möglichst hohe Rendite zu erzielen (oder für den gleichen Ertrag das Risiko zu minimieren), Medikamente mit möglichst harmlosen Nebenwirkungen zu verwenden und so fort. *Operations Research* oder Unternehmensforschung wird das Gebiet genannt, das einen großen Teil dieser Aktivitäten umfasst, und die Optimierung ist ein zentraler Bereich von ihr. Auch die Bezeichnung Planungsforschung ist für Optimierungsprobleme mit Planungscharakter gebräuchlich. Unzählige spezielle Optimierungstheorien verästeln sich unter dem umfassenden Begriff der Entscheidungstheorie.

Zum Finden optimaler Lösungen müssen die Bewertungskriterien nicht immer exakt und objektiv bezifferbar sein, etwa durch einen Geldbetrag; manche Bewertungen können auch gefühlte Präferenzen zum Ausdruck bringen, die man nur ziemlich willkürlich auf einer Zahlenskala darstellen kann. In den meisten Fällen sind Geldbeträge zu optimieren (Gewinne zu maximieren, Verluste und Kosten zu minimieren); die Wirtschaft verlangt es, und nicht nur für sie ist es ein wichtiges Kriterium, das in fast alle Ziele eingeht – direkt oder indirekt. Sie können aber auch danach trachten, Ihr Leben so einzurichten, dass Ihre *subjektiv* empfundene Zufriedenheit möglichst groß wird; die mathematische Nutzentheorie macht es möglich.

Auch können mehrere Bewertungen in Konkurrenz zueinander

schen scheinen sie zu spüren, wenn sie von guten oder schlechten Schwingungen in einem Haus oder an einem Ort sprechen. Diejenigen, die mit Haustieren leben, wissen, dass bisweilen ein Tier den Ruheplatz, den man ausgesucht hat, zurückweist und sein Kissen oder Fell an einen anderen Ort schleppt, obwohl es dem menschlichen Auge als weniger komfortabel erscheint. Einer meiner Hunde verschmähte sein neues Hundehaus. Zunächst glaubte ich, es läge am Stroh. Ich wechselte es, aber vergebens. Es fiel mir auf, dass er sich in seinem Gatter immer an dieselbe Stelle legte. Ich stellte das Haus dorthin, und alles war in Ordnung.

Watson schreibt über diese Sensibilität: „Im Hinblick auf Wärme, Schutz und Sicherheit soll der Schlafplatz natürlich sorgsam ausgewählt werden. Oft wählt das Tier einen Platz, bei dem diese Dinge nicht gegeben sind. Haushunde und Hauskatzen verhalten sich gleich. Ihre Besitzer sollten warten, bis das Tier seinen Platz selbst ausgesucht hat und den Schlafkorb dorthin stellen. Es gibt Plätze, auf denen es unter gar keinen Umständen liegen will."

Der schwarze Labrador meines Freundes gab mir anhand seines Verhaltes zu verstehen, dass die Pyramide ein Energiefeld hinterlässt, wenn sie verschoben wird. Dem Hund war es nicht erlaubt gewesen, die Pyramide zu betreten. Trotzdem blieb er tagelang an jener Stelle liegen, an der sie gestanden hatte.

Vielleicht finden einige Zootiere nicht nur aufgrund ihrer Gefangenschaft keine Ruhe, sondern auch weil sie in dem ihnen zugewiesenen Raum nicht ihren Platz finden können. Vielleicht könnte eine Pyramide Abhilfe schaffen. Immer mehr Tierfreunde bauen ein Pyramidenhaus. Sie sind überzeugt, dass der Innenraum über besondere Eigenschaften verfügt, die ihre häusliche Ruhe fördert, denn sie haben die Gesundheit und Fröhlichkeit von Tieren darin beobachtet. Vielleicht wirken unsere vierbeinigen Freunde richtungsweisend für eine neue Bauindustrie.

Wir haben viel gelernt über unsere Welt, dank unserer Fragen, unserer Mathematik, unserer Reagenzgläser und Mikroskope, aber vielleicht wissen Tiere Dinge, von denen wir nichts ahnen oder die wir längst vergessen haben. Wir könnten möglicherweise Vieles mehr begreifen, wenn wir das Wissen beider Spezies vereinten. Wie sähe dann unsere Wirklichkeit aus? Vielleicht erklärt dies, warum die Sphinx, die Hüterin der Weisheit, teils Mensch, teils Tier darstellt.

personenspiele sind die einfachsten und bisher am meisten analysierten Situationen, in denen Akteure in Wechselwirkung treten. Aber auch für *n-Personen-Spiele* mit drei oder mehr Akteuren verfügt man heute über eine Fülle exakter Aussagen; n kann dabei sehr groß sein, sodass der einzelne Spieler in der Masse untergeht. In meinem Buch *Abenteuer Mathematik* führe ich einige spezielle Optimierungsbeispiele auf: die lineare Programmierung, das Stundenplanproblem, das Arbitrageproblem, Netzplantechniken, Petri-Netze, Warteschlangen, die dynamische Programmierung, Beispiele der ganzzahligen Optimierung wie das Rucksackproblem und andere mehr.

Speziell die lineare Programmierung, die den *Simplex-Algorithmus* (George Dantzig, 1947) hervorbrachte, ist für die Wirtschaft von größter Bedeutung. Die professionell erstellten Versionen dieses Verfahrens, in vielen Jahren ständig optimiert, gehören zu den allerersten Programmpaketen, die für jedes auf wirtschaftliche Nutzung gerichtete Computersystem im Einsatz sind – weltweit. Es ist eines der erfolgreichsten und einträglichsten Verfahren der angewandten Mathematik.

Anwendungsmöglichkeiten für diesen effizienten Algorithmus gibt es in einer ganzen Reihe von Industriezweigen, etwa bei Telefon-, Kommunikations- und Flugnetzen. Um zum Beispiel automatische Verbindungen für Millionen von Ferngesprächen herzustellen, muss entschieden werden, wie sich Telefonkabel, Zwischenverstärker und Satellitenverbindungen möglichst vorteilhaft ausnutzen lassen – ein Mischungsproblem. Ein anderes Beispiel sind Fluggesellschaften, die noch ein großes Potenzial sehen, durch optimale Planung ihrer Flugnetze die Kosten für den Treibstoff zu vermindern. Auf keinem Gebiet der auf die Wirtschaft angewandten Mathematik steht so viel auf dem Spiel wie in der linearen Programmierung.

Auch in der klassischen Theorie ist mehr nicht immer auch besser

Im Jahr 1968 hat der deutsche Mathematiker Dietrich Braess eine

Arbeit mit dem Titel «Über ein Paradoxon aus der Verkehrsplanung» veröffentlicht. Darin zeigt er eine paradoxe Situation auf, in der der Bau einer zusätzlichen Straße (also eine Kapazitätserhöhung) dazu führt, dass sich bei gleich bleibendem Verkehrsaufkommen die Fahrtdauer für alle Autofahrer *erhöht* (d. h. die Kapazität des Netzwerkes reduziert wird). Dabei wird von der Annahme ausgegangen, dass jeder Verkehrsteilnehmer seine Route so wählt, dass es für ihn keine Alternative mit kürzerer Fahrtzeit gibt (ein Nash-Gleichgewicht).

Das Braess-Paradoxon ist ein Beispiel dafür, dass die rationale Optimierung von Einzelinteressen im Zusammenhang mit einem öffentlich bereitgestellten Gut zu einem für jeden Einzelnen suboptimalen Zustand führen kann. Und etwas allgemeiner veranschaulicht es die Tatsache, dass eine zusätzliche Handlungsalternative unter der Annahme rationaler Einzelentscheidungen zu einer Verschlechterung der Situation für alle führen kann.

Optimale Auswahl: Wie findet man oder frau den Traumpartner?

Bei allen Optimierungsproblemen geht es darum, unter einer bestimmten Anzahl von Alternativen möglichst effizient die beste auszuwählen. Manchmal liegt die Schwierigkeit aber darin, dass zu Beginn noch völlig unklar ist, wie gut die einzelnen Möglichkeiten sind. Wir betrachten das folgende Problem: Wie wählt man am effizientesten unter allen Bekannten des anderen Geschlechts einen Partner für eine (kürzere oder längere) Affäre? (Der Bezug zur Wirtschaft ist nicht weit hergeholt: Das Problem ist in der Fachliteratur unter dem Stichwort «Sekretärinnenproblem» zu finden. Selbstverständlich stellt sich das Problem auch bei fast jeder anderen Alternativauswahl: Auswahl von Wertpapieren für ein Portfolio, Standortauswahl für den Firmensitz, ein Distributionscenter oder für Filialen, Wahl des Studienfachs, des Studienorts, des Arbeitgebers usw.)

Erste Version: die herkömmliche klassische Methode (Auflistung und Bewertung). Diese Methode ist so elementar, naheliegend und einfach, dass sie jeder Leser in der einen oder anderen Form praktisch schon einmal angewendet hat. Für jede bestehende Alternative listet man ihre Vor- und Nachteile auf, bewertet diese Kriterien, gewichtet sie gemäß der Wichtigkeit, die man ihnen zumisst, bildet für jedes Kriterium das Produkt aus Bewertung und Gewichtung, und addiert diese Produkte für jede Alternative zusammen. Nun sind die Alternativen bewertet und können verglichen werden. Die optimale Alternative – die optimale Wahl des Partners – ist diejenige mit der besten Gesamtbewertung. Im Prinzip jedenfalls, das heißt, zumindest nach der klassischen Entscheidungstheorie. Wir werden im Kapitel 5 sehen, dass Menschen auch anders entscheiden, nämlich intuitiv, und dass sie damit manchmal besser fahren.

Übrigens ist eine größere Auswahl in Herzensangelegenheiten nicht zwangsläufig besser als eine geringere. Die jungen Singles, denen man in einem Experiment Online-Dating-Profile vorlegte, sagten zwar, sie würden lieber unter zwanzig möglichen Partnern wählen als unter vier. Doch diejenigen, die tatsächlich ein größeres Angebot hatten, empfanden nur die «Qual der Wahl» und meinten, es habe ihre Zufriedenheit nicht erhöht oder das Gefühl, vielleicht eine bessere Möglichkeit verpasst zu haben, nicht gemindert.

Zweite Version: das sequenzielle Testen und Entscheiden. Dabei wird hinsichtlich jeder der in Frage kommenden Personen entschieden, ob sie der Traumpartner ist oder nicht; wird sie abgelehnt, kommt sie später nicht noch einmal in Betracht. Setzen wir noch voraus, die Testreihenfolge der in Frage kommenden Personen sei zufällig.

Zwei Dinge sind klar. Erstens: Behalte niemals den ersten Partner, denn wer weiß, was noch kommt. Anders ausgedrückt: Sehr wahrscheinlich ist der «Erst-beste» nicht der Beste. Und zweitens sollte nicht zu lange gewartet werden, denn dann ist mit großer Wahrscheinlichkeit der beste Partner abgelehnt, und man oder frau muss sich mit einem Partner begnügen, der weniger Vorzüge zu bieten hat.

Dieses Entscheidungsproblem hat zweifellos eine gewisse Ähnlichkeit mit den mehrstufigen Entscheidungen der dynamischen Programmierung – ist aber mit weniger Information (mehr Ungewissheit) behaftet. Wie im richtigen Leben.

Die Strategie liegt auf der Hand. Da zu Beginn keinerlei nützliche Information vorliegt, wird man zuerst eine gewisse Anzahl von Möglichkeiten testen müssen – wobei die Testprozedur hier nicht zur Debatte steht. *Diese anfänglichen Möglichkeiten werden verworfen.* Danach wird das Testverfahren fortgeführt – und der erste Partner ausgewählt, der besser ist als alle vorherigen.

Die Frage, um die es hier geht, lautet: Wie viele potenzielle Partner müssen sich ohne Aussicht auf Erfolg dem Testverfahren unterwerfen? Die Mathematik hat bewiesen, dass rund 37 Prozent der in Frage kommenden Bekannten einer Testprozedur ohne Erfolgsaussicht unterzogen werden sollen; genauer ist es der Bruchteil $1/e \approx 37$ Prozent, wobei $e = 2,718 \dots$ die Euler'sche Zahl ist. Interessanterweise ist der Prozentsatz unabhängig von der Anzahl der Testpartner: Egal, ob zehn oder tausend Kandidaten ernsthaft in Erwägung gezogen werden, stets ist es die beste Strategie, zunächst 37 Prozent auszuprobieren und diese zu verwerfen.

Bohrende Fragen – zumindest aus der Sicht des zu testenden Anwärters – können nicht ausbleiben: Was ist, wenn ich, der Idealpartner, unter den ersten 37 Prozent und damit von vornherein ausgeschlossen bin? Und was ist, wenn ich, der Beste, erst am Ende getestet werden soll und also gar nicht zum Zug komme? Ist das Verfahren nicht total unfair? Nein, unter den gegebenen Voraussetzungen ist es sogar das beste Verfahren. Denn mit einer Wahrscheinlichkeit von immerhin $1/e \approx 37$ Prozent findet man oder frau tatsächlich den Traumpartner! (Sollte einem einer der geschilderten Nachteile widerfahren, könnte man danach trachten, sich bei einer erneuten Wahl wieder in Positur zu bringen – oder aber selbst aktiv zu werden.)

Auch der aktiv Suchende kann in der Praxis Schwierigkeiten bekommen, die optimale Strategie zu befolgen – zum Beispiel wenn er sich in einen Kandidaten, der verworfen werden soll, verliebt.

Das Prinzip der maximalen Nutzenerwartung

Die älteste und bekannteste Entscheidungsregel in Ungewissheitssituationen verlangt, die mathematische Erwartung einer Wahrscheinlichkeitsverteilung zu maximieren. Doch diese Regel führt nicht selten zu Paradoxien – zu nicht rationalem Verhalten. Ein Beispiel: Stellen Sie sich vor, Sie wüssten aufgrund ballistischer Berechnungen der Roulettekugel oder aufgrund eines mysteriösen PSI-Systems, dass die Nummer «28» mit der Wahrscheinlichkeit von 10 Prozent im nächsten Coup erscheint. Ihre Gewinnerwartung betrüge demnach

$$35 \times 10\,\% + (-1) \times 90\,\% = +2,6$$

– das sind +260 Prozent Ihres Einsatzes. Kurz vor der Spielabsage drückt Ihnen ein Mafioso eine Pistole (mit Schalldämpfer) in den Rücken und gibt Ihnen zu verstehen, dass dies Ihr letzter Coup wäre, wenn Sie keinen Gewinn machen. Würden Sie nun Ihre Spielweise nach der maximalen Gewinnerwartung ausrichten und auf die «28» setzen oder etwa zwei Dutzend und noch die Hälfte vom dritten Dutzend (mit der Wahrscheinlichkeit von 30/37 ≈ 81 Prozent, aber mit negativer Erwartung) belegen? Ich vermute in Ihrem Interesse, dass Sie Ihre Entscheidung nach der größeren Überlebenschance treffen würden, wie dies bei *einmaligen* Ereignissen auch vernünftiger ist. Denn die Ausrichtung nach der maximalen Gewinnerwartung (+260 Prozent) beschert Ihnen eine Überlebenschance von nur 10 Prozent, während die andere Spielweise Ihnen trotz der negativen Erwartung eine Überlebenschance von etwa 81 Prozent sichern würde.

Es ist dies ein Beispiel dafür, dass als rational angesehene Entscheidungskriterien nicht unter allen Umständen rational sind, ja dass sie sogar zu Paradoxien und Widersprüchen führen können.

Der Ausweg aus den Paradoxien, zu denen Entscheidungsprinzipien führen können, erfolgte im Wesentlichen in zwei Schritten: der Einführung *subjektiver* Nutzenfunktionen und der Formalisierung ihrer Eigenschaften durch ein Axiomensystem.

Nutzenbewertung setzt eine Präferenzrelation voraus: Von zwei Dingen oder Ereignissen ist das nützlicher, welches man vorzieht, wenn man die Wahl hat.

Eine experimentell gemessene Nutzenfunktion u(x) (u für *utility*, Nutzen) eines Individuums in Abhängigkeit von den monetären Alternativen x hängt von der subjektiven Einstellung der einzelnen Testperson ab und kann sich selbst bei ein und derselben Person in Abhängigkeit von der jeweiligen Umweltsituation ändern.

Beginnend mit Daniel Bernoulli im Jahr 1738 sind bis heute zahlreiche spezielle Nutzenfunktionen eingeführt und untersucht worden. Trotz der subjektiven Einflussfaktoren konnte eine typische Gestalt dieser Nutzenfunktion, wie sie nachfolgende Abbildung veranschaulicht, von Harry Markowitz 1959 gefunden und bestätigt werden.

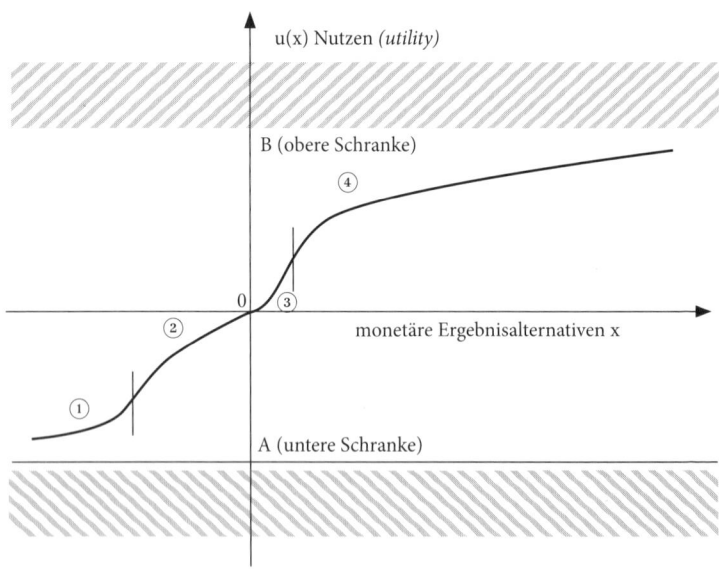

In den Augen eines Mathematikers hat die Nutzenfunktion u(x) zwei wichtige Eigenschaften:

1. sie ist *nach oben und unten beschränkt*, formelmäßig $A \leq u(x) \leq B$ für alle Werte der Variablen x, wobei A und B reelle Zahlen darstellen, und

2. sie ist *schwach monoton steigend*, das heißt, aus $x_1 < x_2$ folgt $u(x_1) \leq u(x_2)$.

Dies hat insbesondere zur Folge, dass die Nutzenzuwächse bei gleich großen Zuwächsen an Gewinnen immer kleiner werden, wenn man nur von ausreichend hohen x-Werten ausgeht (dies widerspiegelt das Gesetz des «abnehmenden Grenznutzens»).

Je nach spezieller Gestalt der Kurve hat man es mit verschiedenen individuellen Risikoausprägungen der Menschen zu tun. Steigt beispielsweise – entgegen unserer Abbildung – der Kurventeil (3) erst bei großen positiven Geldbeträgen verstärkt an und sinkt der Kurventeil (2) erst bei größeren negativen Geldbeträgen verstärkt ab, so liegt die Nutzenfunktion eines Menschen mit starker *Risikopräferenz* vor: Kleinere finanzielle Verluste werden nicht merklich bedauert, wogegen erst bei Zugewinn großer Geldbeträge ein fühlbares Erfolgserlebnis eintritt. Häufig verläuft jedoch der positive Teil der Kurve wie in unserer Abbildung: Der konvexe Teil (3) ist sehr kurz und steigt steil an – als ob die Menschen, die eine derartige Nutzenfunktion wählen, sich nach dem Motto «Was ich hab, das hab ich» verhielten.

Die Analyse unzähliger alter und neuerer Entscheidungsprinzipien wurde immer tiefer und abstrakter, bis das berühmte Axiomensystem von John von Neumann und Oskar Morgenstern (1947) den ersehnten Durchbruch in der Konzeption einer widerspruchsfreien Grundsteinlegung und Behandlung von Ungewissheitssituationen erbrachte. Aus diesem Axiomensystem ließen sich erstmals die Eigenschaften des Bernoulli-Nutzens logisch ableiten. Nicht zuletzt dank dieser axiomatischen Begründung wird er in der Literatur auch

«Neumann-Morgenstern-Nutzen» genannt. Das *Bernoulli-Prinzip* gilt heute als das allgemeinste rationale Entscheidungsprinzip und *postuliert für einen Entscheidenden die Maximierung der Erwartung seines subjektiven Nutzens.*

Es erhebt sich die Frage, welche Beziehungen zwischen diesem «modernen» Prinzip einerseits und anderen, immer noch gebräuchlichen, klassischen Entscheidungskriterien andererseits bestehen, Kriterien, die keine Nutzenfunktion verwenden, sondern die die Entscheidung von dem Wert eines objektiven Indikators oder Maßes abhängig machen – wie die älteste und bekannteste Entscheidungsregel, nämlich die Maximierung der Erwartung einer Wahrscheinlichkeitsverteilung.

Es ist das Verdienst von Hans Schneeweiß (siehe Literatur), nachgewiesen zu haben, dass die klassischen Entscheidungskriterien zur Bewertung von Risikosituationen *im Allgemeinen,* das heißt für allgemeine Wahrscheinlichkeitsverteilungen, nicht geeignet sind. Schneeweiß machte vielmehr das Bernoulli-Prinzip, also die maximale Erwartung der subjektiven Nutzenfunktion, kurz die maximale Nutzenerwartung, als *das* rationale Entscheidungsprinzip aus, aus dem jedoch die klassischen Entscheidungsprinzipien im Allgemeinen nicht gefolgt werden können. Manchmal sind allerdings Ausnahmen möglich. In der Tat gibt es Fälle, bei denen die älteste und einfachste Entscheidungsregel (Maximierung der Erwartung der Wahrscheinlichkeitsverteilung) mit dem Bernoulli-Prinzip (Maximierung der Erwartung der Nutzenfunktion) verträglich ist: Meistens handelt es sich um die sich oft wiederholenden Risikosituationen, die sich beispielsweise durch die einfache Normalverteilung beschreiben oder approximieren lassen – wie beim (oft wiederholten) Roulette.

Ist ein faires Spiel auch immer und wirklich *fair*?

Ein Spiel wurde als fair definiert, wenn sein Wert null beträgt. Doch ist es dann auch stets wirklich *fair*? Die Fragestellung lässt Sie zu Recht vermuten, dass fair und *fair* mit unterschiedlichen Bedeutungen versehen sind – zumindest unterschwellig.

Nehmen wir als Beispiel das klassische Roulette. Wir wissen, dass die Erwartung für den Spieler negativ ist, womit das Spiel nicht fair ist. Wenn wir aber Zéro abschaffen und die Auszahlungsquoten unverändert lassen, haben wir aus dem klassischen unfairen Roulette ein klassisches faires gemacht, das nun den Wert null hat. In der «Theorie des klassischen Roulettes» im Kapitel 2 wird die Gleichung für die Erwartung zu:

$$E = (36 - k)/k \times (k/36) + (-1) \times (36 - k)/36 = 0/36 = 0$$

für jede Chance mit der Wahrscheinlichkeit $k/36$ (k = 1, 2, 3, 4, 6, 9, 12 und 18).

Doch selbst dieses *mathematisch faire* Roulette ist keineswegs *absolut fair* – in dem Sinne, dass Spieler und Bank die gleiche Chance hätten, den jeweils anderen zu ruinieren! Diese Ruinwahrscheinlichkeit ist keine Funktion des Spielwerts bzw. der Erwartung, sondern hängt vom jeweiligen Spielkapital ab – was uns intuitiv sofort einleuchtet: Mit 100 Euro Spielkapital wird ein Spieler auch bei einem mathematisch fairen Roulette wesentlich schneller pleite sein als die Bank, da er den für ihn ungünstigen Schwankungen kaum lange widerstehen kann. Es gilt folgender Sachverhalt (zur Herleitung des allgemeinen wie auch des speziellen mathematisch fairen Falles siehe *Roulette – Die Zähmung des Zufalls*, ab Seite 344):

Sei A das Spielkapital des Spielers und B das Spielkapital der Bank. Dann beträgt die Ruinwahrscheinlichkeit des Spielers

$$r(A) = \frac{B}{A + B}$$

und die Ruinwahrscheinlichkeit der Bank

$$r(B) = \frac{A}{A + B} \cdot$$

Die jeweiligen Ruinwahrscheinlichkeiten (des Spielers und der Bank) sind also direkt proportional zum Spielkapital des jeweiligen Gegners – und, gleichwertig, die jeweiligen Erfolgswahrscheinlichkeiten sind direkt proportional zum eigenen Spielkapital. Man beachte, dass $r(A) + r(B) = 1 = 100\,\%$ gilt. Zwei Extremfälle ergeben sich nun:

1. Ist das Spielerkapital A vernachlässigbar klein gegen das Bankkapital B (was ja auch meistens der Fall ist), dann können wir in der Ruinformel für den Grenzübergang A = 0 setzen, womit sich $r(A)$ zu 1 oder 100 % ergibt. Selbst bei diesem *mathematisch fairen* Spiel muss sich der Spieler mit einer an Sicherheit grenzenden Wahrscheinlichkeit ruinieren, falls sein eigenes Spielkapital klein ist gegenüber dem der Bank.
2. Ist das Spielerkapital A von der Größenordnung des Bankkapitals B, dann können wir in der Ruinformel A durch B ersetzen und erhalten $r(A) = 1/2$ oder 50 %.

Man sieht: Fair in einem absoluten Sinn – *absolut fair* – ist ein *mathematisch faires* Spiel nicht nur erst, wenn der Erwartungswert null beträgt, sondern wenn die Kontrahenten jeweils ein Spielkapital gleicher Größenordnung haben, sodass ihre jeweiligen Ruinwahrscheinlichkeiten ebenfalls gleich groß werden.

Es ist bemerkenswert, dass es nicht nur zwei Arten von Zufall gibt – den echten, indeterministischen der Quantenmechanik und den gewöhnlichen, deterministischen unserer Makrowelt –, sondern auch verschiedene Abstufungen von Fairness. Eine weitere, vorerst emotional begründete Abstufung dieses Begriffs wird uns noch beim Ultimatum-Spiel in Kapitel 5 begegnen.

Das Chicken-Spiel

Zu Zeiten, als der Rock'n'Roll noch in den Kinderschuhen steckte, war dieses Hasardspiel unter amerikanischen Teenagern sehr populär. Die Regeln sind einfach. Die beiden Gegner fahren aufeinander zu, womöglich in gestohlenen Autos. Wer ausweicht, ist «chicken» und hat verloren.

Bei diesem Spiel sind die Interessen der Gegner nicht *absolut* entgegengesetzt. Schließlich wollen beide einen Zusammenstoß vermeiden. Differenzen gibt es lediglich darüber, wer ausweichen soll; und insofern handelt es sich hier nicht um ein Nullsummenspiel. Gewisse Kämpfe im biologischen Bereich tragen diese Merkmale, wie wir noch sehen werden. Selbst im Krieg kann es vorkommen, dass beide Lager gewisse Entwicklungen vermeiden wollen. Während des Kalten Krieges zwischen den USA und der Sowjetunion wies die Kubakrise (1962) deutliche Parallelen zu einem Chicken-Spiel auf. Oft spricht man auch vom *Spiel mit dem Abgrund* (*Brinkmanship*).

In einem wirklichen Chicken-Spiel ist die Auszahlung schwer abzuschätzen, da sie von mehreren Unwägbarkeiten abhängt: von den materiellen Schäden, von der Möglichkeit, in Polizeigewahrsam zu landen, und von den körperlichen Verletzungen.

Ein Mathematiker stellt zuerst ein einfaches Modell auf, beispielsweise mit folgenden Regeln: Wenn beide Fahrer ausweichen, ist nichts passiert; wenn nur einer der beiden Fahrer ausweicht, muss er dem anderen zehn Dollar zahlen; und wenn keiner ausweicht, muss jeder hundert Dollar für seinen ramponierten Wagen berappen. Die Bimatrix für dieses Modell ist schnell aufgestellt:

	Der andere weicht aus	Der andere weicht nicht aus
Ich weiche aus	0 0	+10 −10
Ich weiche nicht aus	−10 +10	−100 −100

Wie würden *Sie* Chicken spielen? Das für Sie ungünstigste Ergebnis – der Zusammenstoß – ist auch für Ihren Gegner das schlechteste. Wenn Sie ausweichen, maximieren Sie Ihre Mindestauszahlung. Weichen Sie nicht aus, minimieren Sie die Maximalauszahlung Ihres Gegners. Sie sind in derselben Lage wie Ihr Gegner, sollten aber das tun, was der andere *nicht* tut. Allerdings wissen Sie leider nicht, was er vorhat. Aufgrund der Werte in der Bimatrix des Modells kann man leicht zeigen, dass es sich auszahlt, auf Kollisionskurs zu bleiben, solange die Wahrscheinlichkeit, dass der andere ausweicht, über 90 Prozent liegt; wenn die Wahrscheinlichkeit kleiner ist, sollte man selbst ausweichen. Beträgt die Wahrscheinlichkeit genau 90 Prozent, liefern Ihnen beide Strategien rechnerisch dasselbe – eine *indifferente* Situation. (Natürlich sollte ein rational denkender Mensch nicht Chicken spielen – freiwillig schon gar nicht.)

Eskalieren oder nachgeben?

In den meisten Fällen ist eine Eskalation nur erfolgreich, wenn der andere nachgibt. Einerseits wird man nicht bei jeder Gelegenheit auf die Barrikaden steigen. Aber andererseits wäre nichts verheerender, als immer nur klein beizugeben. Welche Strategie also verfolgen? Hier ist eine *gemischte* Strategie angebracht – ähnlich wie bei «Bluffen» oder «Passen» im Pokerspiel. Eine gewisse Stärke des Eskalierens im wirklichen Leben hängt auch davon ab, ob man sich im Falle eines gegnerischen Widerstands weitergehende Aktionen zurechtgelegt hat. Wer sich seiner Stärken, aber auch seiner Schwächen bewusst ist, hat die besten Chancen, das Richtige zu tun.

Führende Politiker und Manager müssen täglich folgenreich entscheiden, ob sie einen Konflikt intensivieren wollen oder nicht. Dabei werden Signale vermittelt, Absichten erkundet und hinterfragt, Ratschläge eingeholt, Szenarien durchgespielt und wieder verworfen. Lässt man die mehr oder weniger diplomatische Rhetorik beiseite, bleiben häufig nur die Knochen eines «Chicken» zurück.

Wann lohnt sich Eskalation? Mit dieser grundlegenden Frage werden Tiere in freier Wildbahn so oft konfrontiert wie die hohen Tiere von Politik und Wirtschaft. Rituelle Turnierkämpfe unter Artgenossen zählen zu den aufregendsten Schauspielen im Tierreich. Das geht von harmlosem Imponiergehabe bis zu furchterregenden Kämpfen, bei denen die Fetzen nur so fliegen. Doch oft lässt sich beobachten, dass dabei gewisse Hemmschwellen nicht überschritten werden. Oft messen die Tiere ihre Kräfte, ohne sich dabei ernsthaft zu verletzen. Und manchmal weichen sie buchstäblich in letzter Sekunde aus, statt Hörner, Geweih oder Hauer mörderisch einzusetzen.

Die Analogie zu dem Chicken-Spiel ist frappierend. Und tatsächlich wurde im Wesentlichen auf der Grundlage dieses einfachen Spielmodells eine stichhaltige evolutionstheoretische Erklärung der Turnierkämpfe geliefert. Die beiden Streithähne sind ja nicht allein auf der Welt, sondern gehören zu einer größeren Population von Spielern – für die sie ja nur Teil der «anderen» sind. Beide messen sich an derselben Bevölkerung von Gegenspielern, in der sie die durchschnittliche Häufigkeit des Eskalierens kennengelernt haben. Nehmen wir dafür 10 Prozent an (beziehungsweise 90 Prozent Wahrscheinlichkeit für das Ausweichen), wie beim Chicken-Spiel. Ein beidseitiges Eskalieren und folglich eine ernsthafte Verletzung wird es nur in einer von hundert Auseinandersetzungen geben (10 % × 10 % = 1 % bzw. 0,1 × 0,1 = 0,01).

Entschlossenheit zu demonstrieren, müsste stets ein gewinnbringendes strategisches Verhalten sein. Wieso aber wird keine Zunahme der Eskalationshäufigkeit beobachtet? Wenn die Wahrscheinlichkeit, dass ein Populationsmitglied ausweicht, mehr als 90 Prozent beträgt, zahlt sich die Eskalation aus und nimmt daher zu. Wenn aber die Wahrscheinlichkeit des Eskalierens über 10 Prozent ansteigt, ist das Ausweichen die bessere Strategie – wodurch Ausweichen zu- und Eskalieren erneut abnimmt. Die durchschnittliche Eskalationsbereitschaft pendelt sich also durch einen Mechanismus der *Selbststeuerung* auf 10 Prozent ein.

Evolutionsstabile Strategien und Asymmetrien

Die Strategie, mit 10 Prozent zu eskalieren, ist *evolutionsstabil* in folgendem Sinne: Wenn sich praktisch alle Mitglieder der Population darauf einpendeln, kann kein mutantes Verhalten – keine abweichlerische Minderheit – eindringen. Der Begriff der *evolutionsstabilen gemischten Strategie* ist für die evolutionäre Spieltheorie von zentraler Bedeutung und beeinflusst auch die eher ökonomisch orientierte Spieltheorie.

Gerade im Hinblick auf gewisse Strategieeigenschaften gibt es ein Spielmerkmal, das nicht nur bei Auseinandersetzungen in der Natur wichtig ist. Es ist die Eigenschaft eines Spiels, *symmetrisch* oder *asymmetrisch* zu sein. Im Gegensatz zum Chicken-Spiel sind die meisten komplexeren Spiele in der wirklichen Welt *asymmetrisch*: Die Spieler haben unterschiedliche *Rollen*. Solche Situationen treten oft nur in künstlicher Form bei Gesellschaftsspielen und im Sport auf. Weiß ist beim Schach im Vorteil, eine Fußballmannschaft hat es bei Heimspielen besser usw. Da jedes Spiel, sofern es kein endgültiges ist, auch von Wiederholungen lebt, sorgen gewisse Regeln für einen Ausgleich. Auf ein Heimspiel folgt ein Auswärtsspiel, und um bei Dame oder Schach Symmetrie zu erzeugen, kann im Laufe der Partien jeder Spieler abwechselnd als Erster beginnen.

In der Natur sind die Asymmetrien deutlicher ausgeprägt – und können meistens nicht künstlich symmetrisch gemacht werden. In Spielen zwischen Männchen und Weibchen, zwischen Eltern und Nachkommen, zwischen Arbeiterbienen und Königinnen oder zwischen Raubtieren und ihrer Beute sind die Rollen der Akteure nicht nur sehr unterschiedlich, sondern sie können auch nicht einfach invertiert werden.

Aber immerhin kann ein Individuum im Lauf der Zeit seine Rolle wechseln. Das ist sogar das Leitmotiv des künstlerischen Schreibens: Eine Geschichte erzählt die Änderung von Situationen und Personen. Aus einem Schwächling kann ein Kraftmeier werden oder umgekehrt; bei vielen Bienenarten kann eine Arbeiterin die Rolle der Königin erben; bei manchen Fischarten wechseln Tiere ihr Geschlecht. Vermutlich bilden sich in solchen Fällen *bedingte* Strategien heraus, zum Beispiel: «Wenn du ein frischer Nachkomme bist, bestehe auf einer langen Nestfütterung; wenn du eine Mutter bist, halte die Nestfütterung möglichst kurz und versuche, nochmals zu werfen.» Eine Bevölkerung kann ein vielfältiges Verhalten aufweisen, auch wenn alle Mitglieder dieselbe Strategie verwenden – etwa: «Wenn du schwach bist, weiche dem Kampf aus; wenn du stark bist, dann stelle dich ihm.» Diese Strategie ist eine *bedingte*, aber keine gemischte, denn die Entscheidung enthält keinen Zufallszug. Auch führen hier Eskalation und Rückzug zu verschiedenen Auszahlungen. Die schwächeren Individuen machen einfach das Beste aus ihrer Lage.

Die Anwendbarkeit mathematischen Denkens in der Soziobiologie wird auch durch ein weitreichendes Resultat von Reinhard Selten illustriert, der bewies, *dass es in asymmetrischen Spielen keine evolutionsstabilen Strategien geben kann, die gemischt sind*. Im Wesentlichen beruht diese Aussage darauf, dass hier eine Strategie nie auf ihresgleichen stoßen kann, so wie etwa im symmetrischen Chicken-Spiel ein entschlossener Draufgänger auf einen anderen. Im asymmetrischen Pokerspiel bieten sich für die Alternativen «Passen» und «Bluffen» zwar gemischte Strategien an, doch kann es nach Seltens Ergebnis keine *evolutionsstabile* Bereitschaft zu bluffen geben. Drohgebärden mögen über eine geringe Bereitschaft anzugreifen hinwegtäuschen, aber es ist zu erwarten, dass derlei Desinformation nach einer Weile durchschaut wird und so an Wirksamkeit verliert. Der Bluff und andere Arten des Schwindelns sind vorübergehender

Natur – was nicht bedeutet, dass sie selten vorkommen. Täuschung und Betrug gehören nicht nur zum Umfeld des Spiels, sondern auch des alltäglichen Lebensspiels, wo Schwindler und Betrüger die Dinge gehörig in Schwung halten.

Das Gefangenendilemma (Prisoner's Dilemma)

Die Bezeichnung für dieses elementare Zweipersonenspiel, das wegen seines Modellcharakters bekannt geworden ist, hat Albert W. Tucker 1950 kreiert.

Man muss sich dazu das folgende Szenario vorstellen: Nach einem gemeinsamen Verbrechen werden zwei Gangster in Einzelhaft gehalten – ohne Möglichkeit, miteinander zu kommunizieren. Jeder Gefangene hat nun die Wahl zwischen Gestehen (G) und Leugnen (L). Je nachdem, wofür sich die beiden entscheiden, wird das Gericht das maximale Strafmaß von fünf Jahren Gefängnis gemäß folgender Bimatrix um die angeführte Anzahl von Jahren reduzieren:

Gefangener 2

		G	L
Gefangener 1	G	2 \ 2	3 \ 0
	L	0 \ 3	1 \ 1

Ziel jedes Gefangenen ist es, seine eigene Auszahlung – den Strafnachlass in Jahren – zu maximieren.

- Gefangener 1 sagt sich: Bei L bin ich besser dran, einerlei, was Gefangener 2 tut (3 Jahre Strafnachlass sind besser als 2, und 1 ist besser als 0), also wähle ich L.

- Gefangener 2 sagt sich das Gleiche, wählt also auch L.
- Gefangener 1 denkt sich aus, was Gefangener 2 denkt, und das Gleiche tut Gefangener 2. Beide kommen zu dem Schluss: Wir landen bei L, L.
- Beide Gefangenen denken sich: Bei G, G wären wir aber besser dran, da 2 besser ist als 1. Also schwenken sie beide auf G um.
- Gefangener 1 sagt sich: Wenn Gefangener 2 auf G umgeschwenkt ist, kann ich mich verbessern, indem ich für L votiere, da 3 besser ist als 2.
- Und so weiter, und so fort.

Obwohl das Gefangenendilemma ein sehr einfaches Spiel ist, hat es zu zigtausend wissenschaftlichen Veröffentlichungen geführt. *Gestehen oder leugnen* beziehungsweise *Mitmachen oder verweigern* – das ist die Frage. Das Dilemma liegt auf der Hand. Dieses Zweipersonenspiel ermöglicht eine einfache Erklärung der Kräfte, die in vielen Eskalationssituationen am Werk sind, etwa beim Wettrüsten, bei Preiskriegen oder bei Werbefeldzügen.

Das Spiel ist nicht rein kompetitiv – es hat keine konstante Summe. Es gibt nämlich ein gemeinsames Ziel, das beide Spieler erreichen können, wenn sie *kooperieren*. Die Geburt der Kooperation in der Spieltheorie? Doch die gemeinsame optimale Strategie wird durch individuelles Streben unterlaufen.

Wie wird der rationale Spieler *beim einmaligen Spiel* handeln? Er wird auf jeden Fall verweigern. Das ist die optimale Wahl, ganz gleich, was der andere macht. Denn gegen einen, der mitmacht, bringt Verweigern drei Jahre Strafnachlass oder kurz Punkte, Mitmachen nur zwei. Und gegen jemanden, der verweigert, bringt Verweigern immerhin einen Punkt, Mitmachen aber gar nichts. Verweigern ist somit in jedem Fall die beste Strategie. Natürlich denkt der andere auch so, wenn er rational eingestellt ist. Und wir hatten ja das beidseitige Verweigern bereits als Gleichgewichtspunkt ausgemacht. Dennoch könnte jeder der beiden Verweigerer eine höhere Auszahlung erhalten, wenn *beide* mitmachen würden – der Lohn für die Zusammenarbeit.

Bei entsprechenden psychologischen Experimenten entscheiden sich die Versuchspersonen oft zur Kooperation. Dieser Begriff ist ja positiv besetzt, und ein gutes Gewissen hat schließlich auch seinen Wert. Doch in diesem spieltheoretischen Modell geht es nicht um Gefühle und Moral, Anstand oder Solidarität, sondern ausschließlich um die Auszahlung. Bei einmaligem Spiel ist das Gefangenendilemma eigentlich gar kein Dilemma; Verweigern ist die einzige Lösung.

Zwei Anmerkungen

1. Der Kooperationsbegriff ist meistens positiv besetzt. Doch Kooperation kann auch aus dem Blickwinkel der übrigen Welt als hochgradig negativ und unerwünscht angesehen und sogar als Verbrechen gewertet werden – etwa wenn zwei Volksgruppen kooperieren, um eine ethnische Säuberung zu Lasten einer dritten Volksgruppe durchzuführen. Auch kartellmäßige Geschäftspraktiken und die meisten Formen von Korruption sind gut für die Beteiligten, aber schädlich für die Gesellschaft. Diese Beispiele zeigen, dass man die Erkenntnisse über die Mechanismen der Kooperation gelegentlich *umgekehrt* verwenden wird, um zu zeigen, wie Kooperation verhindert anstatt gefördert werden kann.

2. Wenn gesagt wird, dass es ausschließlich um die Auszahlung geht, dann muss auch erwähnt werden, dass es das Axiomensystem von Neumann und Morgenstern durchaus zulässt, *andere* subjektive Präferenzen beziehungsweise Auszahlungen zu wählen und so zu einer *anderen* Nutzenfunktion zu kommen – um dann aber auch ein *anderes* konkretes Problem zu lösen.

Bleibt das Dilemma bei Spiel*wiederholungen* unverändert bestehen, oder ergeben sich neue Einsichten? Bei Wiederholungen kann immerhin jeder der beiden Spieler auf Informationen über das Verhalten des Gegenspielers in früheren Partien zurückgreifen.

«Play it once again, Sam, for old time's sake»: In der Wiederholung liegt's, das Wiederaufleben schöner Momente – oder aber das Gefühl des Aufbruchs nach dem Motto «Neues Spiel, neues Glück». Gesellschaftsspiele, Sport, so manche Künste und nicht zuletzt unsere Emotionen leben von der Wiederholung; Musik ist geradezu die Kunst der Wiederholung. Auch Spieltheoretiker wissen, dass Spiele durch Wiederholungen ganz eigene Reize entwickeln. Zum Beispiel das Gefangenendilemma: Wenn schon die Zusammenarbeit rational denkender Spieler beim einmaligen Spiel keine Chance hat – vielleicht klappt's bei mehreren Anläufen?

Übrigens ist das Spiel nicht auf Gefangene und Gefängnisse beschränkt. Es steckt in *jedem* Geschäft, was es mitsamt dem Wiederholungsgedanken als wirklichkeitsnah kennzeichnet. Jeder Geschäftspartner erwartet sich einen Vorteil. Für ein *isoliertes* Geschäft wäre der Vorteil aber größer, wenn die eigene Leistung unterbliebe oder zumindest kleiner geriete – beziehungsweise wenn die Gegenleistung des anderen größer ausfiele. Doch gewöhnlich sorgt die Gemeinschaft dafür, dass die Verlockung zum Verweigern nicht allzu groß wird: Erziehung, Gesetze, Polizei, Justiz zwingen auch die Selbstsüchtigsten, ihren Anteil an der Zusammenarbeit nicht zu verweigern.

Dennoch kommt es auch *ohne* Zwang zu Kooperation zwischen den Egoisten: ganz einfach durch die Aussicht auf Wiederholung – die ja auch eine Wiederholung von Auszahlung in Aussicht stellt. Jemand, der seine Mitmenschen regelmäßig übertölpelt, steht bald alleine da. Die Hoffnung auf weitere Geschäfte stärkt die Geschäftsmoral.

Bei einem Geschäft erwartet sich *jeder* Partner zu Recht einen Vorteil. Die Interessen der Spieler sind weder diametral entgegengesetzt noch deckungsgleich, was nicht nur für das Gefangenendilemma, sondern auch für die meisten Partnerschaftsspiele gilt. Ein großer Gewinn des anderen steht nicht im Widerspruch zum eigenen Erfolg; es sind keine reinen Null- beziehungsweise Konstantsummenspiele. Die meisten wirtschaftlichen und sozialen Wechselwirkungen ähneln daher mehr dem Gefangenendilemma als etwa dem Pokerspiel.

Das wiederholte Gefangenendilemma und Tit-for-Tat

Sehen wir also, ob es beim wiederholten Gefangenendilemma zur Zusammenarbeit kommt. Ist die Anzahl der Wiederholungen von vornherein festgelegt, dann wird unsere Hoffnung enttäuscht. Im letzten Spiel der Serie liegt ja wieder nur das einfache Gefangenendilemma vor, dessen Ergebnis wir kennen: keine Zusammenarbeit. Eine etwaige Zusammenarbeit in den vorausgegangenen Spielen darf darauf keinen Einfluss haben, denn die zielstrebige Maximierung der eigenen Punktezahl lässt keinen Platz für Dankbarkeit – was vorbei ist, ist vorbei. Daher ist das vorletzte Spiel ohne mögliche Nachwirkung und somit auch wieder nur ein einfaches Gefangenendilemma. Und dieses Argument lässt sich so bis zurück zum ersten Spiel wiederholen.

Es ist vielmehr die Möglichkeit *weiterer* Wiederholungen, die zur erwarteten Zusammenarbeit verlocken kann. Das Ende der Auseinandersetzung darf dabei nicht von vornherein bekannt sein – was in den meisten Lebenssituationen glücklicherweise auch zutrifft. Diese *Open-end*-Serie von Spielen wird erreicht, wenn es mit einer gewissen Wahrscheinlichkeit (> 0) stets zu einer weiteren Runde kommt. Beträgt diese Wahrscheinlichkeit beispielsweise 90 Prozent, so kann man im Mittel mit zehn Wiederholungen rechnen. Dabei können sich bedeutend mehr Wiederholungen ergeben oder gar keine, das weiß man im Vorhinein nicht.

Der Spieler muss nun für jede Runde des derart fortgesetzten Spiels eine Strategie haben, die zwischen «Verweigern» und «Mitmachen» zu entscheiden hat. Diese Entscheidung kann von verschiedenen Faktoren abhängen, etwa von der Schrittzahl (etwa: «Jede dritte Runde verweigern, sonst mitmachen»), vom Zufall (etwa: «Würfeln und bei einer Sechs verweigern») oder auch vom bisherigen Spielverlauf (etwa: «Wenn der andere bisher öfter verweigert hat, so verweigere nun ebenfalls»). Aber natürlich kann sie nicht vom *künftigen* Spielverlauf abhängen, da dieser noch nicht bekannt ist; kein Spieler weiß, was der andere vorhat, und Verabredungen sind nicht erlaubt.

Je kleiner die Wahrscheinlichkeit der Spielwiederholung, desto mehr gleicht das Spiel dem einfachen Gefangenendilemma. Wenn das Damoklesschwert sehr locker hängt, wird wieder das unbedingte Verweigern zur besten Strategie.

Ist die Wiederholungswahrscheinlichkeit dagegen groß genug, entsteht eine ganz andere Situation. In ihr gibt es keine Strategie, die für *jeden* Fall die beste Antwort liefert. Was aber tun, wenn jede Entscheidung die Zukunft vermasseln kann? Die Gedanken des anderen sind tabu. Man kann nur sicher sein, dass es sein Ziel ist, seine Auszahlung zu maximieren. Kann dann eine Lösung gefunden werden? Die Frage ist gar nicht leicht, und so zerbrachen sich darüber viele Spieltheoretiker jahrzehntelang den Kopf. Dann hatte 1978 ein junger amerikanischer Politikwissenschaftler namens Robert Axelrod den hervorragenden Einfall, die Spieltheoretiker zu einem Turnier einzuladen.

Der erste Wettbewerb

Vierzehn Bewerber aus den fünf Disziplinen Psychologie, Ökonomie, Politologie, Mathematik und Soziologie reichten ihre Programme ein, und Axelrod ließ diese nach einem ausgefeilten Verfahren in seinem Computer gegeneinander antreten. Wie bei einer Fußballmeisterschaft trat jede Strategie gegen jede andere an. Zusätzlich spielte jede gegen eine Kopie ihrer selbst und gegen die Zufallsstrategie, die in jedem Schritt mit gleicher Wahrscheinlichkeit zwischen Verweigern und Mitmachen wählt. Insgesamt bestand das Turnier aus 210 Runden, und der ganze Ablauf wurde mehrmals wiederholt.

Die Überraschung war perfekt: Das kürzeste, unscheinbarste und simpelste aller Programme gewann. Es heißt *Tit-for-Tat* und besteht darin, im ersten Zug die Kooperation zu wählen und dann immer zu tun, was der andere im vorigen Zug getan hat. Erst wohlwollend eine

Kooperation anbieten, dann nach dem Prinzip «wie du mir, so ich dir» verfahren.

Eingereicht wurde dieses Programm von dem Psychologen Anatol Rapoport, Professor an der Universität Toronto, der sich so lange und intensiv wie kein anderer mit dem Gefangenendilemma befasst hatte. Insofern ist sein Turniersieg nicht erstaunlich. Was allerdings überrascht, ist die Tatsache, dass *Tit-for-Tat* grundsätzlich nie einen Zweikampf gewinnt. Ein Spieler kann nach dieser Strategie auf keinen Fall mehr Punkte bekommen als der Kontrahent. Denn er ist *nett* in dem Sinne, dass er niemals als Erster verweigert. Im Verlauf des gesamten Rennens hat er nie die Nase vorn, fällt allerdings auch niemals weit zurück.

Etwa die Hälfte der Strategien des Turniers waren nett, und diese schnitten durchschnittlich besser ab als die weniger netten – die eher ausbeuterischen. Trafen zwei nette Strategien aufeinander, dann kam es zu einer ununterbrochenen Zusammenarbeit. Die ausbeuterischen Strategien verhedderten sich dagegen in Geplänkel, die per saldo Punkte kosteten.

In ihrem Erfolg gegen die ausbeuterischen unterschieden sich aber die netten Strategien stark untereinander. Der Vorteil der *Tit-for-Tat*-Strategie lag in ihrer Flexibilität; sie war rasch im Vergelten und ebenso rasch im Vergeben. Die trägeren unter den netten Strategien schnitten nicht so gut ab; den Ärger in sich hineinzufressen, wirkt sich offenbar ebenso ungünstig aus wie lang anhaltender Groll. Da die eindeutige und schnelle Antwort eines *Tit-for-Tat*-Spielers signalisiert, dass in gleicher Münze heimgezahlt wird, kann er viele bald zur Zusammenarbeit bekehren. Offene und zuverlässige Wesen wecken eben mehr Vertrauen. (Solche Verhaltensmuster sind uns auch aus der Politik vertraut. Zum Beispiel begannen die Abrüstungsverhandlungen zwischen den großen Machtblöcken USA und UdSSR unter Michail Gorbatschow dem Muster einer *netten* Strategie zu folgen; in den Jahrzehnten des Kalten Krieges symbolisierte Andrej Gromyko, «Mister Njet» genannt, die Verweigerungsstrategie.)

Ein beträchtlicher Teil der Programme des Wettstreits bestand aus mehr oder weniger netten Varianten, die darauf abzielten, gelegentlich einen Vorteil herauszuschinden. All diese raffiniert ausgedachten Hakenschläge gingen ins Leere. Was *Tit-for-Tat* am überzeugendsten vermittelte, war, dass sich Gier nicht lohnt – auch affenschlau eingefädelte nicht. Für den klugen Egoisten kommt es ja nur auf das eigene Wohlbefinden an; und das hängt nicht nur von isolierten kurzfristigen Vorteilen ab.

Noch einmal Tit-for-Tat oder Die Fortsetzung des wiederholten Gefangenendilemmas

Der Erfolg von *Tit-for-Tat* bedeutet nicht, dass es die beste aller möglichen Strategien ist. Die gibt es nämlich nicht. Tatsächlich fand Robert Axelrod bei der anschließenden Diskussion mühelos Strategien, die noch besser abgeschnitten hätten, wenn sie angetreten wären – zum Beispiel *Tit-for-Two-Tats*, eine Strategie, die Verweigerungen des Kontrahenten toleriert, solange sie vereinzelt auftreten, und nur selbst verweigert, wenn sich der andere in den letzten *zwei* Zügen verweigert hat.

Axelrod veröffentlichte eine Analyse und lud sodann zu einem weiteren Turnier. Inzwischen war das Interesse am Spiel weit über den Kreis der Spieltheoretiker hinaus geweckt, und auch zahlreiche Computerfreaks drängten sich um die Teilnahme. Es war zu erwarten, dass der neuerliche Wettbewerb nunmehr ganz neue Erkenntnisse bringen würde.

Unerschrocken reichte Anatol Rapoport wieder *Tit-for-Tat* ein. Der namhafte britische Biologe John Maynard Smith setzte auf *Tit-for-Two-Tats*. Aber diese Strategie, die das erste Turnier gewonnen hätte, belegte im zweiten nur den vierundzwanzigsten Platz. *Tit-for-Tat* hätte folglich noch weiter unten in der Rangordnung stehen müssen. Aber weit gefehlt: *Tit-for-Tat* gewann verblüffenderweise auch das zweite Turnier! Wie ist das zu erklären? Offenbar führt *lineares* Denken hier in die Irre.

Militärs stehen im Verruf, sich gern auf den Krieg von gestern vorzubereiten. Auch viele Roulettespieler suchen in den Mustern vergangener Zufallsfolgen Lücken und Schwächen (die sie oft «Gesetze» nennen), um diese dann zu einem Gewinnsystem umzumünzen. So versuchten auch die Teilnehmer am zweiten Turnier, die Schwächen der Strategien vom ersten zu meiden, um so eine bessere Strategie ins neuerliche Rennen zu schicken. Sie hätten auch vortrefflich abgeschnitten – aber eben im ersten Turnier (genauso wie Spielsystemtüftler im Roulette mühelos für jede vorliegende Zufallsfolge ein Gewinnsystem angeben könnten – im Nachhinein). Viele aus dem ersten Turnier gezogene Lehren hoben einander im zweiten wechselseitig auf. Nur Rapoport hatte anscheinend keine Lehren gezogen – mit Erfolg. Ob *Tit-for-Tat* auch ein drittes Turnier gegen vielleicht Tausende von Wettbewerbern (die alle durch die Lehren aus den ersten beiden Turnieren klüger geworden wären) gewonnen hätte?

Tit-for-Tat Superstar: evolutionärer Sieg der Gegenseitigkeit

Mit den vorhandenen Strategien entwarf Axelrod eine Turniervariante, die nach dem evolutionären Gedankenexperiment aufgebaut ist: Die Teilnehmer bilden eine *Population*, deren Zusammensetzung sich je nach Erfolg ändert. Die erfolgreichen Strategien werden kopiert, und die erfolglosen sterben allmählich aus.

Mit der Zusammensetzung des Teilnehmerfeldes können sich aber auch die Anforderungen an eine erfolgreiche Strategie ändern. Der Erfolg beeinflusst die Zusammensetzung und die Zusammensetzung den Erfolg: ein Rückkopplungsprozess, dessen Entwicklung sich meist recht schwer voraussagen lässt. Axelrod simulierte die Wirkung der natürlichen Auslese in seinem Computer. In jeder Generation fand ein Turnier statt – eine Fortsetzung des wiederholten Gefangenendilemmas mit den überlebenden Strategien aus dem letzten Turnier. (Nach diesem Prinzip arbeiten die sogenannten «genetischen Algorithmen» der Künstlichen Intelligenz.)

Erwartungsgemäß setzte sich *Tit-for-Tat* sofort an die Spitze. Weniger selbstverständlich war, dass diese Strategie den Vorsprung immer weiter ausbaute und noch nach tausend Generationen über die höchste Zuwachsrate verfügte! Es gab andere Strategien, die sich anfangs vielversprechend vermehrten und dann doch einen Wachstumsknick erlebten, dahinvegetierten und schließlich verschwanden. Dies traf besonders auf jene zu, deren Erfolg auf der rücksichtslosen Ausbeutung Schwächerer beruhte. Bald hatten sie ihre Opfer aus dem Feld gedrängt. Damit hatten sie sich aber auch ihrer eigenen Existenzgrundlage beraubt. Wenn ein *Tit-for-Tat*-Spieler hingegen von anderen Spielern profitierte, so zogen diese anderen aus der Wechselwirkung mindestens ebenso viel Nutzen und wurden dadurch im eigenen Kampf ums Dasein gefördert. Diese Art des Erfolgs ist nachhaltig: Sie führt zu noch mehr Zusammenarbeit.

Die Entwicklung zu mehr Zusammenarbeit zeigt etwas sehr Schönes, nämlich dass sie nicht umgekehrt ablaufen kann. Zwar haben ein einzelner *Tit-for-Tat*-Spieler unter lauter Verweigerern und ein einzelner Verweigerer unter lauter *Tit-for-Tat*-Spielern jeweils keine Chance und werden aus der Bevölkerung verdrängt; aber während *Tit-for-Tat*-Spieler, wenn sie eine (relativ kleine) kritische Masse ausmachen, in die Population eindringen können, bleibt diese Möglichkeit den Verweigerern verwehrt. Denn zwei *nette* Spieler sind natürliche Verbündete, zwei Verweigerer sicherlich nicht. In diesem Sinne wird die Tendenz zur Kooperation gefördert.

Zwei Anmerkungen

1. Obwohl man sicherlich nicht sämtliche zwischenmenschliche Beziehungen auf das wiederholte Gefangenendilemma zurückführen wollen wird, laden die geschilderten Mechanismen geradezu ein, über soziale Verhaltensweisen und moralische Prinzipien zu sinnieren. Karl Sigmund (*Spielpläne*, S. 297):
   «Spieler, die nicht mehr zurückschlagen können, sind für Ausbeuter ein gefundenes Fressen … Es ist gefährlich, wenn eine Bevöl-

kerung ihre Widerstandskraft gegen Ausbeuter einbüßt. Wer sich ausbeuten lässt, zahlt die Rechnung nicht allein: da er die Ausbeuter unterstützt, gefährdet er die gesamte Gemeinschaft ... Bei aller gebührenden Zurückhaltung lässt sich jedoch festhalten, dass der brutal einfache Grundsatz, Gleiches mit Gleichem heimzuzahlen, in einer Gesellschaft von Egoisten zur Zusammenarbeit führen kann, die scheinbar höhere Forderung aber, erlittenes Unrecht nicht zu vergelten, diese Zusammenarbeit unterminiert. Wer die andere Wange hinhält, statt auf Provokation zu antworten, zerstört die Grundlage der Gegenseitigkeit.»

Eine unerbittliche Erkenntnis: Opferlämmer, Gimpel und Dulder gefährden eine Gemeinschaft weit mehr als die ohnehin vorhandenen Parasiten und Ausbeuter. Haben Sie ausreichende körperliche Abwehrkräfte, werden Sie etwa einem Grippevirus standhalten; die *mangelnde Abwehrkraft* ist somit die eigentliche Gefahr. Auch Albert Einstein hatte dieses Grundprinzip der Gegenseitigkeit erkannt: «Die Welt wird nicht bedroht von den Menschen, die böse sind, sondern von denen, die das Böse zulassen.» Angesichts von Terrorgruppen lautet der Imperativ der Gemeinschaft: Keine Toleranz gegenüber Intoleranten – ob dies nun eine Terrorgruppe nach dem Muster der RAF ist, religiöse Fundamentalisten jeder Couleur oder die noch vorhandenen menschenverachtenden Diktaturen.

2. Der Wert solcher spieltheoretischen Modelle besteht nun nicht darin, dass sie unverändert und blind in den Alltag übertragen werden oder gar Vorhersagen erlauben können – das können sie meistens nicht. Ihr Wert besteht darin, dass sie uns Einsichten in die grundlegenden Mechanismen des gegenseitigen Verhaltens und seiner Dynamik liefern. Zum Beispiel kann es nicht klug sein, immer nur stur nach dem *Tit-for-Tat*-Muster zu reagieren; im Alltag wäre man damit bald am Ende. Auch das *Tit-for-Two-Tats*-Verhalten, das *einen* «Ausrutscher» noch verzeiht, kann missbraucht werden, wenn es ein Ausbeuter darauf abgesehen hat und sich stets

durch *isolierte* Ausrutscher einen Vorteil verschafft, während sein Kontrahent ständig «verzeiht». Vielmehr ist im Leben eine kluge, ausgewogene Einbeziehung *bedingter* und *gemischter* Entscheidungsalternativen zielführend – wobei die eigenen Präferenzen, Stärken und Schwächen berücksichtigt werden sollen.

Ein aktuelles, immer drängender werdendes «n-Nationen-Gefangenendilemma»

Im Jahr 1968 schrieb der Biologe Garrett Hardin von der University of California einen wichtigen und einflussreichen Artikel, der in der Zeitschrift *Science* unter dem Titel «The Tragedy of the Commons» (Die Tragödie der Allmende) erschien. (Eine *Allmende* ist ein der ganzen Gemeinde gehörendes Land, das die Dorfbewohner gemeinsam bewirtschaften und nutzen. Der Ausdruck kommt vom Mittelhochdeutschen *al(ge)meinde, almende* und bedeutet «was allen gemein ist». Im Mittelalter waren Allmenden weit verbreitet.)

Durch die Nutzung der Allmende können die Dorfbewohner eine gewisse Zahl zusätzlicher Schafe ernähren. Solange diese Anzahl in kleinerem Rahmen bleibt, ist alles in Ordnung. Doch dann kommt der eine oder andere auf die Idee, durch ein weiteres Schaf etwas mehr Nutzen aus der Situation zu ziehen. Das zusätzliche Schaf, das der Dorfbewohner dann auf die Allmende führt, kommt nur ihm selbst zugute, während der Schaden, der durch die Überweidung entsteht, mit allen anderen Dorfbewohnern geteilt wird. Diese können ihren Nachteil nur vermindern, indem sie selbst weitere Schafe auf die Allmende bringen. So beutet jeder die Weide nach Kräften aus und zerstört sie dabei: die Tragödie der Allmende. Mit anderen Worten: *Ungehemmte Ausbeutung führt zu schnellem Ruin.* (Mathematisch kann das Problem als ein n-Personen-Gefangenendilemma gedeutet werden, wobei n > 2 ist.)

Obwohl es praktisch keine Allmenden mehr gibt, ist uns die

Tragödie erhalten geblieben – und zwar in viel größerem Ausmaß. Allmenden können beliebige Bestandteile unseres Planeten sein, die gemeinschaftlich genutzt werden: Ozeane, Luftmassen, Regenwälder.

Hardin diskutierte nach dem Modell der Allmende Aspekte wie Überbevölkerung, Umweltverschmutzung, Überfischung und Ausbeutung erschöpfbarer Ressourcen. Das begründet den wichtigen Modellcharakter dieses «Spiels». Er kam zu dem Schluss, dass die Menschen weltweit die Notwendigkeit erkennen müssten, die Freiheit nationaler und individueller Entscheidungen einzuschränken und einen «gemeinschaftlichen Zwang, auf den man sich gemeinschaftlich geeinigt hat», zu akzeptieren.

Doch wie könnte ein solcher Zustand im Zeitalter des Raubtierkapitalismus erreicht werden? (Im Rahmen der Gerechtigkeitsdiskussion im Kapitel 7 werden wir diesem Aspekt wieder begegnen und Voraussetzungen für einen Lösungsversuch formulieren.)

Spiele in der Wirklichkeit

Es gibt zwei Motive menschlichen Handelns: Eigennutz und Furcht

NAPOLEON I. BONAPARTE

KAPITEL 4

Geschicklichkeit macht auch Glücksspieler glücklich

In diesem Kapitel sehen wir ein paar populäre Geldspiele mit – a priori – negativer Gewinnerwartung, die mit Hilfe kluger Überlegungen zu Geschicklichkeitsspielen mit positiver Erwartung gemacht werden können. Dabei geht es nicht nur um Sportwetten und Börsenspekulationen (was vielen intuitiv als plausibel erscheint), sondern sogar um Glücksspiele wie Lotto, Roulette, Black Jack und Poker – die ich bereits in Kapitel 2 angeschnitten hatte.

Lotto (2)

Wir hatten bereits festgestellt: Würden alle Teilnehmer wirklich zufällig tippen, dann würden die Gewinnquoten auch nur zufällig schwanken – wesentlich weniger als in Wirklichkeit.

Statistische Untersuchungen haben aber gezeigt, dass die Zahlen nicht zufällig getippt werden: Viele Teilnehmer tippen Kalenderdaten, wie etwa Geburtstage – wodurch gewisse Zahlengruppen überrepräsentiert sind –, oder kreuzen auf dem 7 × 7-Tippfeld symmetrische oder besonders einfache Muster an (Diagonale) oder vermeiden Zahlen, die am Rand liegen.

Nachfolgend zwei Beispiele von Tippreihen mit Mustern, die man vermeiden sollte (obwohl jede von beiden genau so wahrscheinlich ist wie die nächste gezogene!), weil im Falle ihrer Ziehung nur lächerlich geringe Gewinnquoten für einen Sechser zu erzielen wäre; sie werden nämlich bis zu etwa achttausendmal öfter getippt als der Durchschnitt.

X	X	X	X	X	X	7
8	9	10	11	12	13	14
15	16	17	18	19	20	21
22	23	24	25	26	27	28
29	30	31	32	33	34	35
36	37	38	39	40	41	42
43	44	45	46	47	48	49

1	2	3	4	5	6	X
8	9	10	11	12	13	14
15	16	17	18	19	20	21
22	23	24	25	26	27	28
29	30	31	32	33	34	35
36	37	38	39	40	41	42
43	44	45	46	47	48	49

Die 49 Zahlen kann man nun grob in drei Gruppen einteilen: etwa ein Dutzend häufig getippte Zahlen, ebenfalls etwa ein Dutzend selten getippte Zahlen und den Rest, bestehend aus unauffälligen Zahlen. Natürlich kennt man die Häufigkeitsverteilung der abgegebenen Tippreihen nicht, aber man hat schon Anhaltspunkte darüber, welche Zahlen in welcher der drei Gruppen enthalten sind. Selbst Universitätsprofessoren scheuen sich nicht, darüber zu schreiben (Karl Bosch publizierte sein Lotto-Buch bereits 1994). Trotz der unvollständigen Information über die Häufigkeitsverteilung der abgegebenen Tippreihen können die Zahlengruppen nach der Häufigkeit ihrer Verwendung in Tippreihen grob geschätzt werden.

1	2	3	4	5	6	7
8	9	10	11	12	13	14
15	16	17	18	19	20	21
22	23	24	25	26	27	28
29	30	31	32	33	34	35
36	37	38	39	40	41	42
43	44	45	46	47	48	49

selten getippt

häufig getippt

unauffällig

Werden nun häufig getippte Zahlen gezogen, gibt es im Mittel mehr Gewinner und daher weniger Geld für den Einzelnen. Besteht der Sechser dagegen überwiegend aus selten getippten Zahlen, gibt es tendenziell weniger Gewinner, die dann aber in den Genuss einer höheren Gewinnquote kommen.

Hier tritt folgende paradoxe Situation auf: Je mehr Leute glauben, sie spielten ein Glücksspiel, desto mehr kann dieses den Charakter eines Geschicklichkeitsspiels annehmen – mit zum Teil sehr variablen Erwartungen, die bei klugen Entscheidungen auch positiv werden können. Die Strategie für eine höhere Erwartung ist einfach: geschicktes Tippen, das heißt die Auswahl ungewöhnlicher Kombinationen. Nur kennt niemand die Kombinationen, die von den Tippern vernachlässigt werden. Dieses Wissen wäre Millionen wert. Das denkbar beste System ließe sich aus den Abermillionen von Tippreihen gewinnen, die in den Computern der Lottogesellschaften landesweit gespeichert sind. Doch niemand sonst darf die seltenen Reihen kennen, denn jeder Mitwisser kann die Quoten drücken.

Wollte man nun diese Erkenntnisse zu konkreten, greifbaren Ergebnissen innerhalb eines überschaubaren Zeitraumes machen, müsste man viele Wochen lang bei jeder Ziehung in ein paar hunderttausend Tippreihen investieren – und das mit erheblichem Risiko. Da ist es doch wesentlich nervenschonender, unter Beachtung dieser Aspekte nicht mehr zu investieren, als man bereit ist, unwiederbringlich abzuschreiben.

Jackpots lösen Lottofieber aus

Anfang Dezember 2007 hat der Rekord-Jackpot von über 40 Millionen Euro in Deutschland ein wahres Lottofieber ausgelöst. Ist die Teilnahme an «Jackpot-Ziehungen» attraktiver?

Die Ausschüttungsquote liegt bei 50 Prozent und ändert sich insgesamt über viele Ziehungen ja nicht. Wenn es keinen Gewinner für eine Gewinnklasse gibt, wird der entsprechende Anteil nur zurückgehalten und auf die Gewinnklasse der nächsten Ziehung zugeschlagen – was dann den Jackpot ausmacht. Insofern muss man bei einer Jackpot-Ziehung zwei Töpfe unterscheiden: Der erste ist die Gewinnsumme aus den Einsätzen der jeweiligen Runde, der zweite ist der Jackpot.

Die Ausschüttungsquote von 50 Prozent bezieht sich auf den ersten Topf, denn nur in den zahlt man schließlich bei einer neuen Runde ein. Den Jackpot aber vergrößert man ja mit seinem Einsatz nicht – er wurde aus vorherigen Spielen gespeist. Deshalb wird bei den Ziehungen mit Jackpot im Durchschnitt mehr ausgeschüttet – wobei der zusätzliche Betrag lediglich der aus Gewinnermangel einbehaltene Gewinn ist. Das gilt aber ausschließlich dann, wenn man sechs Richtige mit Superzahl getippt hat. Wer nur sechs Richtige oder weniger hat, bleibt bei 50 Prozent. Erst wenn einige Male der Jackpot nicht geknackt wurde, wird er bei einer weiteren Runde auch auf die nächste Gewinnklasse verteilt.

Ein erstaunliches Fazit bleibt dennoch: Das Glücksspiel Lotto hat zweifellos eine Geschicklichkeitskomponente – wenn auch eine sehr kleine.

Roulette (2)

Das klassische, fehlerfreie, theoretische Roulette hat eine unveränderliche, negative Gewinnerwartung – unabhängig von irgendwelchen Einsatzstrategien oder anderen legalen Aktionen des Spielers.

Wie ist es mit dem Roulette in der Praxis? Ist das real existierende Roulette ebenfalls klassisch und folglich nachteilig? Immerhin ist das Roulette ein Menschenwerk, und es wird auch von Menschen bedient. Einerseits können Konstruktionsfehler und Abnutzungserscheinungen auftreten, andererseits kann niemand etwas gänzlich Ungeordnetes, Chaotisches machen. Weder die technisch-geometrische Konstruktion der Maschine noch ihre Bedienung können absolut perfekt sein. Dabei wäre die Bedienung als perfekt anzusehen, wenn die

Ergebnisse – bei perfekter Konstruktion – absolut zufällig wären. Das real existierende Roulette, das heißt das Tripel (Kessel, Kugel, Croupier), ist kein perfekter Zufallsgenerator.

Die Auswirkungen wären mehr oder weniger ausgeprägte Abweichungen von den Wahrscheinlichkeiten des klassischen Roulettes für jeden Coup. Das setzt aber sehr spezifische Informationen über die Beschaffenheit der Maschine samt ihrer wesentlichen Bestandteile (inklusive der Kugel) sowie über ihre Bedienung voraus. Beim Roulette in der Praxis können nicht selten signifikante Abweichungen gefunden werden. In Ermangelung solcher Informationen muss allerdings auch ein real existierendes Roulette als klassisch, d. h. als praktisch perfekt angesehen werden.

Ein typisches, real existierendes dynamisches System wird gewöhnlich weder völlig zufällig noch völlig vorhersagbar sein. Das Roulette der Praxis ist ein solches typisches dynamisches System.

Da die mathematische Gewinnerwartung des klassischen Roulettes negativ ist, kann es nur eine Möglichkeit für fundierte Gewinne geben, nämlich im real existierenden Roulette nach Informationen zu suchen, die in konkreten Fällen die Gültigkeit zumindest eines der beiden Axiome (Laplace, Bernoulli) in Frage stellen – Informationen, mit deren Hilfe sich *Abweichungen* vom reinen Zufall nutzen oder aber zumindest teilweise *Vorausberechnungen* anstellen lassen.

Fehlerhaftes («Biased») Roulette

Die mangelnde Perfektion der Konstruktion bewirkt eine Verletzung des Laplace-Axioms: Die 37 Nummern eines Laplace-Experiments sind nicht gleich wahrscheinlich. Wir sprechen vom «fehlerhaften Roulette» und beim Spiel aufgrund dieser Information vom «Kesselfehlerspiel». Hier wird nach Fehlern in der Physik und Geometrie der Nummernfächer gesucht – gemäß der Hypothese, dass kein Mensch etwas vollkommen Exaktes machen kann; auch Abnutzungserscheinungen können sich als Fehler manifestieren, die Auswirkungen haben.

In der Vergangenheit sind einige berühmte Beispiele bekannt geworden. Heute jedoch ist die Konstruktion des Kessels in all seinen Teilen in aller Regel ausreichend exakt (und wird auch laufend kontrolliert). Und das Kesselfehlerspiel ist praktisch passé.

Gleichmäßiges (oder Markov'sches) Roulette

Die mangelnde Zufälligkeit der Bedienung bewirkt eine Verletzung des Bernoulli-Axioms: Die Unabhängigkeit beliebiger Folgen von Laplace-Experimenten ist nicht gewährleistet. Die Hauptursache dieser mangelnden Zufälligkeit ist eine weitgehend gleichmäßige Handhabung des Geräts und der Kugel durch den Croupier. Wir sprechen vom «gleichmäßigen» (oder Markov'schen) Roulette (nach dem russischen Mathematiker Andrej Markov, der statistisch abhängige Ereignisketten – Markov-Ketten – untersucht hatte), und das Spiel aufgrund dieser Information ist das «Wurfweitenspiel».

Es gibt zwei Bedingungen, die es erlauben, die Gleichmäßigkeit eines Croupiers zu untersuchen: Der Abwurfort der Kugel muss bekannt sein, und das Streuverhalten der Kugel nach der Kollision mit einer Raute darf nicht zu einer Gleichverteilung über den gesamten Nummernkranz führen; beide Bedingungen sind meistens erfüllt. Aufgrund des Abwurforts der Kugel und einer gleichmäßigen Handhabung durch den Croupier hängt jeder Wurf bis zu einem gewissen Grad vom Vorgängerwurf ab.

Bei dieser Methode wird versucht, eine gleichmäßige Handhabung zu entdecken – gemäß der Hypothese, dass kein Mensch auf Dauer etwas vollkommen Zufälliges tun kann (etwas vollkommen Zufälliges ist ja im Grunde genommen auch etwas vollkommen Exaktes – nämlich die perfekte Unordnung). Ein spezifisches Muster der gleichmäßigen Handhabung ist so etwas wie eine Unterschrift des betreffenden Croupiers (*Muster-* und *Signaturanalyse*).

Analysen (statistische Verfahren wie der Test auf Abweichung von der Binomialverteilung und der Iterationshäufigkeitstest, auch *Runs-Test* genannt) zeigen immer wieder, dass unter gewissen, im Voraus bestimmbaren Bedingungen signifikante Klumpungen bestimmter Wurfweiten auftreten.

Tisch-Charakteristik als Wurfweiten-Multi-Prognosen

Es gibt sogar eine Art Verallgemeinerung dieses Phänomens auf mehrere Croupiers bei einem Kessel-Kugel-Ensemble – sodass es sich hier weniger um ähnliche Gleichmäßigkeiten der verschiedenen Croupiers handelt, sondern eher um spezifische Eigenschaften des Kessel-Kugel-Ensembles. Es ist nämlich durchaus denkbar, dass sich zahlreiche Kugelbahnen bündeln bzw. kanalisieren und überlagern, wenn Positionen sowie Scheiben- und Kugelumlaufzeiten in bestimmten periodischen und «harmonischen» Verhältnissen ausreichend häufig wiederkehren. (Der an diesem sehr speziellen Sachverhalt interessierte Leser sei auf mein Buch *Roulette HardCore & Software – Algorithmen für Ballistik, Wurfweiten, Tisch-Charakteristik* verwiesen; dort werden auch alle nicht immer einfachen Effekte eines Coups beschrieben und besprochen, wie etwa der «Rauteneffekt», der «Diskretisierungseffekt», der «roll-chaotische Kollisionseffekt», die «Streuweitenverteilung», der «Gegenübereffekt» und verschiedene «Kompensationseffekte».)

Ballistisches (oder Newton'sches) Roulette

Das *ballistische* (oder *Newton'sche*) Roulette stellt schließlich die Herausforderung dar, den wahrscheinlichsten Einfallbereich der Kugel aufgrund der beobachteten oder gar gemessenen Anfangsbedingungen des Wurfes zu prognostizieren – und seinen Einsatz vor der Spielabsage anzubringen. Genau wie es ein (unvollkommener) Schüler des Dämons von Laplace mit Hilfe der Newton'schen Mechanik bewerkstelligen würde. Diese Herausforderung ist zu meistern, da das Streuverhalten der Kugel – im stochastischen Teil ihres Laufs – nachweislich keine Gleichverteilung über die ganze Scheibe aufweist. Dadurch wird jeder Wurf bis zu einem gewissen Grad berechenbar (eine leichte Kesselneigung – *Tilt* – begünstigt das Vorhaben).

Seit einigen Jahren sind allerdings Computer und sogar Stopp-uhren und Taktgeber zu diesem Zweck verboten, und den sogenann-ten *Kesselguckern*, die den wahrscheinlichsten Einfallbereich der Kugel während des Coupablaufs mittels visuell erfasster, gesetzmäßi-ger dynamischer Zuordnungen zwischen Scheibe und Kugel vorher-zurechnen versuchen, werden Sonderbedingungen auferlegt, wie etwa ein viel kleineres Einsatzmaximum oder Setzverbot nach dem Kugelwurf; manchmal werden sie auch einfach gesperrt.

Wurfweitenspiel und Kesselgucken (visuelle Ballistik) beruhen auf dem gleichen Grundprinzip: Beide Methoden suchen in den unmit-telbaren Vorläufercoups eine physikalisch-gesetzmäßige Beziehung (Relation) zwischen beobachteten Scheibe-Kugel-Ereignissen vor der Spielabsage und dem häufigsten Einfallbereich der Kugel, um dann diese Relation als Rezept für eine Prognose zu nutzen.

Die dabei zu erzielenden empirischen Gewinnerwartungen sind eine Funktion der Bedingungen (Kessel, Kugel, Croupier, Zeitpunkt der Spielabsage) und vor allem der Informationen hierüber; sie kann stark variieren, ist aber normalerweise relativ groß: für die visuelle Ballistik zwischen +15 % und ca. +75 % der Einsätze; Professor Ed-ward Thorp – siehe Literatur – erreichte +44 %; für das Wurfweiten-spiel zwischen +5 % und etwa +15 % der Einsätze. Verglichen mit dem Bankvorteil von 2,7 % (Erwartungswert des Spielers: –2,7 %) sind das fast unglaubliche Werte.

Welche Güte müssten denn die Prognosen haben, um solche Wer-te zu erreichen? Nehmen wir an, es werde mittels physikalisch-statis-tischer Informationen ein halber Sektor des Kessels prognostiziert – ein variabler halber Sektor, in dem die Kugel zu liegen kommen sollte. Als Prognosegüte betrachten wir die folgenden Fälle:

a) Die prognostizierte Kesselhälfte wird stets getroffen.
b) Die prognostizierte Kesselhälfte wird in 2 von 3 Fällen getroffen.
c) Die prognostizierte Kesselhälfte wird in 6 von 10 Fällen getroffen.
d) Die prognostizierte Kesselhälfte wird in 5 von 10 Fällen getroffen.

Die Erwartungswerte für diese vier Fälle ergeben sich grob überschlagen zu:

a) zwischen +90 % und +100 %;
b) zwischen +30 % und +35 %;
c) etwa +5 %;
d) –2,7 %.

Die weiter oben genannten Werte liegen alle im Bereich der Fälle a) bis c); d) ist lediglich der Vergleichsfall bei Abwesenheit von Information oder bei ungünstigen (physikalischen) Bedingungen.

Was hier besonders auffällt, ist der Umstand, dass ein kleiner Zuwachs an Prognosegüte einen sehr großen Zuwachs an Erwartungswert bewirkt – große Hebelwirkung.

Und noch zwei wichtige Aspekte:

1. Die prognostizierte Kesselhälfte muss nicht voll gesetzt werden; der Erwartungswert bleibt auch erhalten, wenn ein beliebiger Teilbereich daraus gesetzt wird – mitunter auch nur ein Carré (ein Einsatz auf vier Nummern), eine Transversale pleine (ein Einsatz auf drei Nummern), ein Cheval (ein Einsatz auf zwei Nummern) oder sogar ein einziges Plein (eine isolierte Nummer).

2. Die «Kesselhälfte» kann auch aus zwei bestimmten, ermittelten Vierteln bestehen – wobei selbstverständlich ebenfalls alle Einsätze auf Nummernkombinationen darin günstig sind.

Ein Beispiel soll diese Aspekte illustrieren. Die Schnellauswertung der Anfangsbedingungen eines Coups könnte zu folgender (gepunkteter) Wahrscheinlichkeitsverteilung (für den Einfallbereich der Kugel) über die gesamte Scheibe (Kreis) führen. Nur der Verteilungsverlauf außerhalb des Kreises definiert für diesen Coup eine positive Erwartung, während Verteilungswerte innerhalb oder direkt auf dem Kreis eine negative Erwartung haben. Markiert sind noch der Abwurfort der Kugel und Zéro (bzw. die «Nord-Süd-Achse» von Zéro nach 5/10).

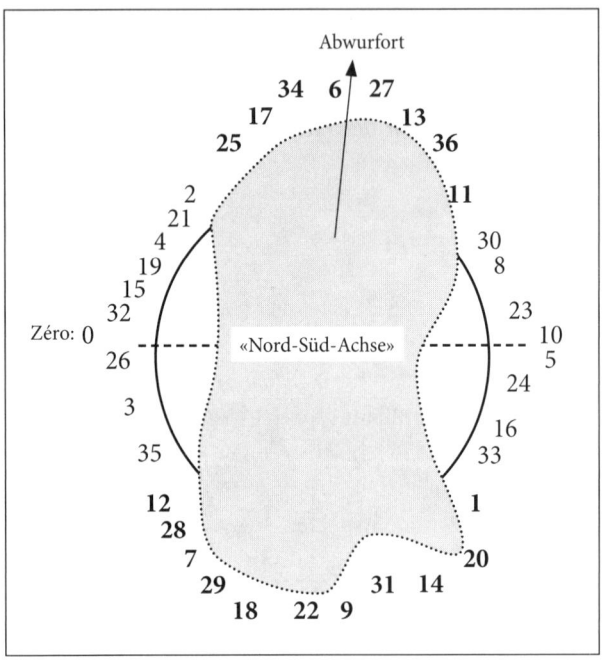

Folgende Nummern (auf der Abbildung fett gedruckt) könnten in beliebiger Kombination gesetzt werden – natürlich auch jede Teilmenge davon: 1, 6, 7, 9, 11, 12, 13, 14, 17, 18, 20, 22, 25, 27, 28, 29, 31, 34 und 36; das ermöglicht auch die folgenden Chevaux: 11/12, 13/14, 14/17, 17/18, 17/20, 22/25, 28/29, 28/31 und 31/34. Oder man könnte mit fünf Stücken die «Orphelins» (die Waisen) setzen, eine Teilmenge von 8 der günstigen Nummern. Oder Sie könnten dem Croupier ganz stressfrei zehn Stücke hinlegen (z. B. ein Jeton zu 50) und annoncieren: «6 und 22, jeweils mit zwo Nachbarn, bitte.» Er wird Ihre Annonce nur dann nicht annehmen, wenn er sehr viel zu tun hat und die Spielabsage unmittelbar erfolgen wird. Dann können Sie immer noch ein paar Stücke selbst setzen: z. B. auf die Chevaux 6/9, 14/17, 22/25 und 31/34.

Aufgrund des häufig auftretenden «Gegenüber-Effekts» kann man sich nach einiger Zeit das Schema der folgenden Abbildung leicht einprägen; es beinhaltet praktisch alle relevanten Chevaux und zwei Transversales pleines (19–20–21 und 28–29–30: die Augen), die auf dem Nummernkranz entweder eng benachbart sind oder aber sich in etwa gegenüber befinden (aus: *Roulette HardCore & SoftWare*).

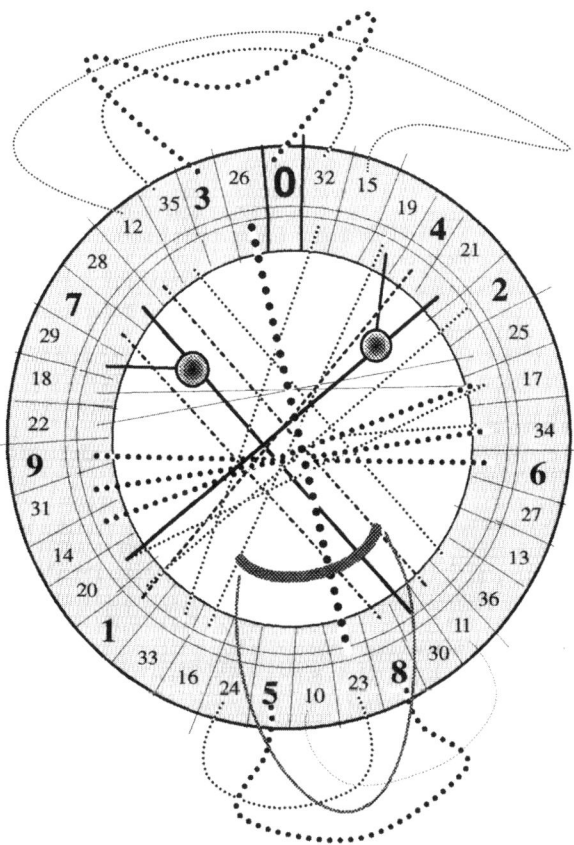

Es ist also keine Hexerei, sich für verschiedene günstige Schlüssel-bereiche ein paar Einsatzmuster anzufertigen und zu merken. Was allerdings mehr Wissen und Training erfordert, ist die zu Beginn dieses

Beispiels erwähnte «Schnellauswertung der Anfangsbedingungen», die ja zum physikalisch favorisierten Einfallbereich der Kugel führt. Das lässt sich aber erlernen und trainieren, sodass es in höchstens drei Sekunden bewältigt werden kann – meistens lange vor der Spielabsage. Das ist die Kunst der sogenannten Kesselgucker, die wegen ihrer aggressiven Spielweise die Casinos immer wieder in Aufruhr versetzt hatten und nicht selten gesperrt wurden; kluge Kesselgucker und Wurfweitenstrategen arbeiten heute weitgehend unauffällig. (Das Erlernen selbst ist nicht schwieriger als das des üblichen Einmaleins für einen Primarschüler.)

So kann auch das Glücksspiel Roulette unter häufig anzutreffenden Voraussetzungen und mit Hilfe relevanter Informationen über den physikalisch-statistischen Ablauf der Coups ein gewinnbringendes Geschicklichkeitsspiel werden. Während beim Lotto auf die Gewinnwahrscheinlichkeiten keinerlei Einfluss genommen werden kann, sondern lediglich auf die Gewinnquoten, ist es beim Roulette gerade umgekehrt: Hier bleiben die Gewinnquoten konstant, während die Informationen eine Erhöhung der Gewinnwahrscheinlichkeiten bewirken können.

Black Jack (2)

Mitte der fünfziger Jahre begannen einige Wissenschaftler und auch Amateure, dieses Spiel eingehend zu untersuchen. Julian Braun, Mathematiker bei IBM Chicago, simulierte Millionen von Partien auf damaligen Großrechenanlagen, um die optimale Strategie herauszufinden. Da die Spielkartenzuteilungen zufällig erfolgen, mussten für jede ausgeteilte Kombination (Spielerkarten, Dealerkarte) alle weiteren Aktionsmöglichkeiten des Spielers in ausreichendem Umfang simuliert werden. In den USA entstanden bald optimale Spielsysteme und zahlreiche Bücher, wovon *Beat the Dealer* des Mathematikprofessors Edward Thorp schnell Weltruhm erlangte. Das alles ist aber nur von praktischem Nutzen, wenn man vorhat, in den USA selbst zu spielen; denn die optimalen Strategien für die in den USA gültigen Regeln lassen sich nicht einfach auf die europäischen Verhältnisse übertragen.

Auf dem deutschsprachigen Markt sind besonders die Bücher von Charles Cordonnier und von Michael Rüsenberg zu empfehlen. Während Cordonniers *Black Jack – Spiel und Strategie* vor allem die elementaren entscheidungstheoretischen Grundlagen vorbildlich aufbaut, lassen Rüsenbergs Bücher keinen Wunsch offen (siehe Literatur). Insbesondere geht Rüsenbergs Buch *Black Jack – Handbuch für Strategen* sehr detailliert auf die in Europa und in den USA unterschiedlichen Spielregeln ein – die, zumindest in wichtigen Punkten, zu unterschiedlichen optimalen Strategien führen können.

Black Jack ist ein sogenanntes *Baumspiel*. Die vollständige Baumstruktur lässt sich kaum übersichtlich darstellen, da es zahlreiche anfängliche Kartenverteilungen gibt. Hinzu kommt, dass von jeder Entscheidung, die eine Karte bewegt, in aller Regel genau so viele Äste ausgehen, wie es verschiedene Möglichkeiten zu ziehender Karten gibt, die wiederum Ausgangspunkt einer weiteren Entscheidung sein können. Es ist dennoch klar, wie die Teilspielbäume je nach anfänglicher Verteilung aufzubauen sind – nämlich genau nach dem Entscheidungsdiagramm des Spielers. Zudem handelt es sich offensichtlich um ein Spiel mit vollständiger Information.

Im vorangegangenen Kapitel haben wir gesehen, dass der Amerikaner Harold W. Kuhn 1950 das «Gleichgewichtstheorem für Baumspiele» bewies, wonach jedes Baumspiel mindestens ein Gleichgewicht besitzt. Dieser Satz garantiert nun, dass es für den Black-Jack-Spieler eine optimale Strategie, eine Gleichgewichtsstrategie gibt. Sie wird *Basisstrategie* genannt und benutzt als Information zu Beginn der Entscheidungen lediglich die ersten beiden Karten des Spielers und die erste Karte der Bank. Wie sehen einige Merkmale dieser Basisstrategie aus, und welchen Wert hat das Spiel?

Einerseits werden zahlreiche Elemente der Basisstrategie vom gesunden Menschenverstand bestätigt (oder zumindest für plausibel gehalten), wie beispielsweise die folgenden Empfehlungen:

- Kaufe keine Karte mehr ab 12 Punkten gegen 4 bis 6 der Bank.
- Teile (Ass, Ass) gegen 2 bis 10, jedoch nicht gegen ein Ass der Bank.
- Teile (8, 8) gegen 2 bis 9 der Bank.
- Verdopple den Einsatz bei 10 oder 11 Punkten gegen 2 bis 9 der Bank.
- Teile nie (10, 10) und (5, 5).

Andererseits liefert die optimale Strategie Empfehlungen, die auf den ersten Blick gar nicht einsichtig sind, zum Beispiel:

- Kaufe *trotz 18 Punkten* bei (Ass, 7) noch eine Karte gegen 9 bis Ass der Bank.
- Teile (9, 9) gegen 2 bis 9 *mit Ausnahme gegen 7* der Bank.
- Versichere dich *niemals* gegen einen Black Jack der Bank.
- Hast du 16 Punkte mit *zwei* Karten, dann kaufe noch gegen 10 der Bank; hast du dagegen 16 Punkte mit *drei oder mehr* Karten, dann bleibe gegen 10 der Bank stehen (dabei darf kein Ass vorkommen, das mit 11 bewertet werden kann).

Die optimalen Verhaltensweisen der Basisstrategie werden gewöhnlich in ein paar Tabellen übersichtlich zusammengefasst. Nach kurzer Übung kann man sie sich leicht merken.

Im nachfolgenden Kasten ist die Basisstrategie in Textform aufgelistet. Diese gilt für die meisten europäischen Casinos.

Die Basisstrategie für die in den USA gültigen Regeln kann stärker abweichen, zum Beispiel beim Doppeln des Einsatzes – da in den USA prinzipiell jede ausgeteilte Kombination von zwei Karten gedoppelt werden darf. Auch gibt es in den USA die Option *Surrender*, das wahlweise Aufgeben des Spiels zum Preis des halben Einsatzes in

Situationen, die dem Spieler besonders nachteilig erscheinen – eine vorteilhafte Option, die in Europa nicht angeboten wird.

Bedeutungen:
- A: Ass, X: zehnwertige Karte (10, B, D oder K).
- Softhand: zweiwertiges Blatt bis 21, also z. B. (7, A) besitzt 8 oder 18 Punkte.
- Hardhand: einwertiges Blatt.

Black Jack: die Basisstrategie in Textform

Versichern
Man versichert kein Blatt gegen ein Ass der Bank.

Splitten (Doppeln nach Splitten ist erlaubt/*nicht erlaubt*)
2–2 und 3–3 werden gegen 2 bis 7/4 *bis 7*/gesplittet.
4–4 wird gegen 5 und 6/*nie*/gesplittet.
6–6 wird gegen 2 bis 6/3 *bis 6*/gesplittet.
7–7 wird gegen 2 bis 7 gesplittet.
8–8 und 9–9 werden gegen 2 bis 9, 9-9 nicht gegen eine 7 gesplittet.
A–A wird gegen 2 bis 10 gesplittet.
5–5 und X–X werden nie gesplittet.
Fortgesetztes Splitten: ja, falls erlaubt.

Doppeln
9 Augen werden gegen 3 bis 6 gedoppelt.
10 und 11 Augen werden gegen 2 bis 9 gedoppelt.
Softhands werden nicht gedoppelt.

Ziehen, Hard und Soft

Gegen 4, 5, 6 wird bis einschließlich 11 Augen auf «Karte» entschieden und stets ab 12 geblieben.

Gegen 2 und 3 wird bis einschließlich 12 Augen gezogen und ab 13 geblieben.

Gegen 7, 8, 9, X und A wird bis einschließlich 16 Punkten gekauft und ab 17 geblieben.

Gegen 2 bis 8 wird bis einschließlich 7/17 Augen gezogen und ab 8/18 geblieben.

Gegen 9, X, A wird bis einschließlich 8/18 Punkten gezogen und ab 9/19 geblieben.

Je nachdem, welches Ziel man verfolgt, ist ein perfektes Beherrschen der Basisstrategie meistens sehr wichtig – da sie auch bei Kartenzählmethoden in etwa 80 Prozent der Fälle anzuwenden ist. Bei einer präzisen Anwendung von Card-Counting-Methoden versteht es sich von selbst, dass für einen strategischen Gewinner eine der Grundvoraussetzungen das «Ziehen im Schlaf» ist.

Der Wert des Spiels (hier die mathematische Erwartung bei Befolgung der optimalen Strategie) variiert leicht in Abhängigkeit von den gebotenen Spielregeln, liegt aber im Bereich zwischen –0,0070 und –0,0083 (zwischen –0,70 und –0,83 Prozent) und kommt einem fairen Spiel (mit Wert 0) ziemlich nahe, jedenfalls näher als andere Casinospiele. Ein Vergleich mit zwei gängigen Spielweisen, die jedoch nicht annähernd optimal sind, ist sehr aufschlussreich.

Da ist zum Beispiel die Strategie des Spielers, der sich niemals überkauft, sondern bei einem Punktestand bis 16 lediglich hoffen kann, dass sich der Dealer seinerseits überkauft – was bei einer zehnwertigen Karte oder einem Ass der Bank eher unwahrscheinlich ist. Seine Ängstlichkeit kommt ihm teuer zu stehen: Er verliert zwischen 6 und 8 Prozent seiner Einsätze.

Was aber, wenn der Spieler die gleiche Strategie verfolgt wie der Dealer, also bis 16 kauft und ab 17 stehen bleibt und weder verdoppelt noch splittet? Führt das nicht zu einem fairen, ausgeglichenen Spiel? Es gibt Spieler, die glauben, dadurch gleiche Chancen zu haben wie die Bank. Aber das ist nicht der Fall – diese «Nachahmungsstrategie» ist fast so ruinös wie die ängstliche. Rufen wir uns den Grund in Erinnerung: Wenn sich Spieler und Dealer beide überkaufen, entsteht kein Unentschieden, sondern der Spieler verliert, da er vor dem Dealer kauft und sein Einsatz sofort abgezogen wird, wenn seine Punktezahl 21 übersteigt. Das bringt ihm einen Nachteil von etwa 5,7 Prozent seiner Einsätze.

Ein konkreter Vergleich in Euro und Cent ist noch anschaulicher. Setzen Sie zum Beispiel jedes Mal 10 Euro auf Ihre Box, so verlieren Sie bei Befolgung der Basisstrategie pro Spiel durchschnittlich 7 oder 8 Cent. An einem Casinoabend – fünf Stunden, bei etwa einem Spiel pro Minute – beträgt der getätigte Gesamteinsatz über 3000 Euro. Der größte Teil dieses Einsatzes wird durch rückfließende Zwischengewinne bestritten, sodass Sie als Spielkapital nur einen Bruchteil davon benötigen, und das auch nur, um etwaige ungünstige Schwankungen im Spielverlauf zu überstehen. Dank der optimalen Strategie kostet Sie der Black-Jack-Abend im Mittel 25 Euro – wobei Sie sogar die *besten* Chancen haben, den Abend mit Gewinn abzuschließen. Dagegen bezahlen die weniger klugen Spieler für das gleiche Spielvergnügen statistisch zwischen 180 und 240 Euro.

Das betrifft alles die Basisstrategie, bei der als Information zu Beginn der Entscheidungen lediglich die ersten beiden Karten des Spielers und die erste Karte der Bank benutzt werden.

Natürlich kommt im Verlauf des Spiels die Information über ausgeteilte Karten hinzu. Bereits abgelegte Karten, die im laufenden Spiel nicht mehr gezogen werden können, geben Aufschluss über die Zusammensetzung des Reststapels. Diese Informationen haben die Kartenzählmethoden hervorgebracht, die bei fehlerfreier Anwendung positive Erwartungen erlauben. So wird ein weiteres Spiel, das als Glücksspiel gilt, zu einem Geschicklichkeitsspiel mit positiver Gewinnerwartung.

Die Gegenmaßnahmen der Casinos ließen nicht lange auf sich warten: Zuerst haben sie die Anzahl der Decks sowie den Umfang der vom Spiel abgeschnittenen, das heißt ausgeschlossenen, Karten erhöht, und dann haben sie schon längst begonnen, sogenannte «ewige Schlitten» einzuführen, das sind elektronische Mischmaschinen, die die ausgespielten Karten nach jedem Durchgang laufend aufnehmen und neu mischen; damit wird der gleiche Effekt erzielt, als wenn die Karten aus einem unendlichen Stapel gezogen würden. Doch es gibt noch Casinos ohne solche Mischmaschinen. Näheres im bereits erwähnten Buch von Rüsenberg.

Poker (2)

Die Spieltheorie gibt uns kein Rezept in die Hand, wie das reale Pokern optimal zu spielen ist. Dennoch sind Einsichten in die Mechanismen dieses Spiels möglich. Versuchen wir es mit einer «psychologischen Annäherung».

Die Psychologie des realen Pokerspiels ist natürlich eine andere als die der Sportwetten oder Börsenspekulationen. Beim Pokern haben wir es wegen der geringen Teilnehmerzahl mit individualpsychologischen Aspekten zu tun, während die anderen genannten Spiele durch massenpsychologisches Verhalten geprägt werden und der statistischen Analyse leichter zugänglich sind.

Trotzdem können für das Pokerspiel allgemeingültige Verhaltensregeln und Strategien angegeben werden. Es gibt außerdem unzählige mehr oder minder komplexe Varianten dieses Spiels. Ich beschränke mich hier auf den Hinweis, dass es bis zu einem gewissen Grad möglich ist, aus der Körpersprache des Gegners (Enttäuschung, unterdrückte Gefühlswallung bei Laien, Färbung der Sprache usw.) Rückschlüsse auf sein Blatt zu ziehen, sowie auf eine kurze Erörterung der bekanntesten psychologischen Manöver, des *Bluffens* und des *Slowplaying*.

Das wesentliche Moment beim Pokern ist, dass ein Spieler mit starkem Blatt wahrscheinlich hoch bieten – und oft überbieten wird. Wenn folglich ein Spieler hoch bietet oder überbietet, kann sein Gegenspieler annehmen, dass ein starkes Blatt vorhanden ist, was ihn unter Umständen zum Passen veranlassen wird. Da aber beim Passen die Karten nicht verglichen werden, kann gelegentlich auch ein Spieler mit schwachem Blatt einen Gewinn gegen einen Spieler mit stärkerem Blatt erzielen, indem er durch hohes Bieten oder Überbieten den Eindruck von Stärke erzeugt, vor dem der Gegner kapituliert. Dieses Manöver, bekannt als *Bluffen*, wird von allen erfahrenen Spielern angewandt. Das Bluffen wird zwar weithin überschätzt, ist aber ein extrem wichtiges Mittel der Verschleierung beim Pokern. Nur wer zumindest von Zeit zu Zeit blufft, hält seine Gegner im Ungewissen darüber, was für ein Blatt er selbst hat.

Doch liegt dem Bluffen nicht nur das eben beschriebene Motiv zugrunde. Wenn nämlich von einem Spieler bekannt ist, dass er nur bei starkem Blatt hoch bietet, wird sein Gegner in solchen Fällen passen. Der Spieler wird daher gerade in den Fällen, wo ihm seine wirkliche Stärke die Möglichkeit dazu bietet, nicht in der Lage sein, große Gewinne zu erzielen. Daher ist es für ihn ratsam, bei seinem Gegner in dieser Hinsicht Ungewissheit zu erzeugen, das heißt durchblicken zu lassen, dass er mitunter auch bei schwachem Blatt hoch bietet.

Es gibt zwei mögliche Motive für das Bluffen: der Wunsch, bei (wirklicher) Schwäche den (falschen) Eindruck von Stärke zu erwecken, und der Wunsch, bei (wirklicher) Stärke den (falschen) Eindruck von Schwäche zu erwecken. Das zweite Bluffmotiv wird in Fachkreisen oft *Slowplaying* genannt. Slowplay bedeutet also, dass ein Spieler mit einem nahezu unschlagbaren Blatt *offensichtlich* vorsichtig spielt, um möglichst viele Spieler im Spiel zu halten und nicht zu verraten, dass er ein «Monsterblatt» hat.

Beide Motive sind Beispiele für *verkehrtes Signalisieren* oder *Ver-*

schleierung, das heißt für die Irreführung des Gegners. Wichtig ist dabei, dass die erste Art des Bluffens am erfolgreichsten ist, wenn sie «gelingt», das heißt, wenn der Gegenspieler wirklich passt, da dies den gewünschten Gewinn sichert, während die zweite Art, das Slowplaying, am erfolgreichsten ist, wenn sie «misslingt», wenn also der Gegner aufdeckt, weil ihm dies die beabsichtigte irreführende Information verschafft.

Hier soll ein Grundprinzip des Pokerns erwähnt werden:

Jedes Mal, wenn der Gegner sein Blatt anders spielt, als er es gespielt hätte, wenn er gewusst hätte, was Sie haben, gewinnen Sie.

Es ist also elementarer Teil des Pokerns, die Wertigkeit der eigenen Karten zu verschleiern. Das Bluffen und das Slowplaying sind Werkzeuge zur Umsetzung dieser Strategie. Auf jeden Fall sind die verschiedenen Aspekte und Tiefen des Bluffens im Pokerspiel Instrumente zur spürbaren Verbesserung der konkreten Erwartungen, wenn die entsprechende Geschicklichkeit vorhanden ist.

Poker-Profis meinen, zu etwa 30 Prozent sei das Spiel vom Zufall bestimmt (Austeilung der Karten), aber zu etwa 70 Prozent von der eigenen strategischen Geschicklichkeit. Allein daraus lässt sich aber noch keine Erwartung ableiten. Während der Zufallsanteil für alle gleich ist, ist das noch lange nicht der Fall für den Geschicklichkeitsgrad – und das macht ja den Reiz dieses Spiels aus. Ob Sie im Mittel oder nachhaltig gewinnen, wird nämlich vom (durchschnittlichen) Geschicklichkeitsgrad Ihrer Kontrahenten abhängen, verglichen mit Ihrem.

Der Pokerboom der letzten Jahre hat eine schier unübersichtliche Flut von Ratgebern hervorgebracht. Ein aktuelles und empfehlenswertes Grundlagenwerk, das alle Aspekte des «Texas Hold'em» beinhaltet, ist das *Handbuch Poker* von Gordon van den Borg. Nachfolgend ein kleiner, sehr nützlicher Auszug daraus (S. 169):

Sechs typische Situationen, in denen Sie *nicht* bluffen sollten

1. Wenn andere Spieler es von Ihnen erwarten. Rechnen andere Spieler damit, dass Sie in einer bestimmten Situation bluffen, so werden sie callen, und Ihr Bluff ist reine Geldverschwendung.

2. Gegen viele Spieler. Die Chance, dass Ihr Bluff gecallt wird, steigt mit der Anzahl der Spieler, die Sie bluffen wollen, beträchtlich an. Gegen zwei Spieler kann in absoluten Ausnahmefällen ein Bluff versucht werden. Gegen drei und mehr Spieler ist er nahezu aussichtslos.

3. Gegen schwache Spieler. Der Fehler der meisten schwachen Spieler ist, dass sie zu viel callen. Es gibt viele Situationen, in denen sich aus diesem Fehler Kapital schlagen lässt. Das Bluffen gehört nicht dazu. Versuchen Sie nicht, schwache Spieler zu bluffen.

4. Wenn Sie in den letzten paar Runden mehrmals versucht haben zu bluffen und gescheitert sind. Die meisten Ihrer Gegner werden sich an Ihre misslungenen Bluffs erinnern und Sie in der Vermutung, dass Sie wieder bluffen, callen. Versuchen Sie es nicht. Dafür werden Ihre Gegner Sie in dieser Situation auch dann callen, wenn Sie gute Blätter haben.

5. Wenn Sie gerade einen großen Pot oder eine Serie von Händen verloren haben, werden Ihre Gegner von Ihnen eher den Eindruck haben, dass Sie schwach sind. Um erfolgreich zu bluffen, müssen Sie aber Stärke vermitteln. Widerstehen Sie der Versuchung, Ihr Geld durch einen Bluff zurückzugewinnen.

6. Bei Flops mit vielen hohen Karten oder einem Ass ist es wahrscheinlich, dass Ihr Gegner etwas getroffen hat. Versuchen Sie nie, Ihren Gegner dazu zu bringen, ein gutes Blatt wegzuwerfen. Er wird es nicht tun. Bluffen Sie dann, wenn Sie sicher sind, dass Ihr Gegner auch ein schwaches Blatt hat.

Sportwetten

Bei Sportwetten hat die Massenpsychologie der Teilnehmer einen entscheidenden Einfluss auf die Gewinnquoten – ähnlich wie beim Lotto. Ganz grob können die Sportwetten in drei Klassen eingeteilt werden, je nach Größenordnung des Anteils der Gewinnausschüttung (bezogen auf die Einsatzeinnahmen):

1. Die Sportwetten (Fußballwetten und Rennquintett), die die Toto-Gesellschaften in Deutschland anbieten, sind wenig interessant, weil hier nur 50 Prozent des Umsatzes wieder ausgeschüttet werden, die Trefferchancen gering sind und der Spieler nie mit einer festen Gewinnquote kalkulieren kann. Vor allem die staatliche Festquotenwette «Oddset» mit einer Gewinnausschüttung von knapp über 50 Prozent ist für jeden Teilnehmer ein programmiertes Verlustgeschäft und in den Augen aufgeklärter Sportwetter so etwas wie staatliche Wegelagerei. (Es mutet an wie ein Treppenwitz, dass nach dem Willen der 16 Bundesländer, festgelegt im neuen und auf Spielerschutz ausgerichteten Glücksspiel-Staatsvertrag, ausgerechnet das chancenlose «Oddset» dem zu schützenden Spieler als einzig legale Festquotenwette angeboten werden soll. Der Kampf um die Liberalisierung ist jedoch in vollem Gang und wird wohl schon bald in einer Öffnung des Sportwetten-Marktes enden.)

2. Werden etwa 90 Prozent der Einsatzeinnahmen wieder ausgeschüttet, dann haben wir das klassische Wettgeschäft über Buchmacher, in Wettbüros oder auf dem Rennplatz, das dann schon wesentlich weniger nachteilig ist als die staatlichen Angebote und besonders geschickten Spielern bereits realistische Gewinnchancen bietet.

3. Noch wesentlich besser fährt man ohne Buchmacher: zum Beispiel auf einer seriösen Wettbörse im www *(world wide web)*, also auf einer Internet-Plattform, die Wettspekulanten nach dem «P2P»-Prinzip *(person to person)* zusammenbringt. Bei diesem nahezu fairen Wettgeschäft profitiert der Teilnehmer von einer Ausschüttung, die je nach Spielart und persönlichem Umsatzrabatt mindestens bei 95 bis 99 Prozent liegt. Größter Anbieter für diesen Service ist, seit 1999, «The Sporting Exchange Limited», besser bekannt unter dem Namen *Betfair*; ich komme darauf zurück.

Worauf man die Prognosen aufbauen kann

Die Teilnehmer an solchen Wetten orientieren sich mehrheitlich an Prognosen von Spezialisten, die die jeweilige Szene im Allgemeinen gut kennen. Solche Prognosen spiegeln die fachmännisch *logische* oder *technische Form* der Wettkampfteilnehmer wider, seien es Fußballvereine oder Pferde mit ihren Jockeys. Wenn sich nun diese Prognosen zum größten Teil erfüllen – und ab und zu tun sie es tatsächlich –, dann sind die vielen Gewinner meistens enttäuscht, weil die Quoten so niedrig liegen. Es wäre klüger, zumindest für die Erwartung, das zu vermeiden, was alle tun. Und dabei ist nicht einmal ein Fußballwissen oder ein «Pferdeverstand» nötig: Die publizierten Vorhersagen der Fachleute bilden den besten Ausgangspunkt, und zwar aus zwei Gründen. Erstens erspart man sich diese Arbeit, die man selbst ohnehin nicht besser machen könnte, und zweitens hat man dadurch die wertvolle Information, wie denn die Mehrheit tippen wird.

Hier muss die nicht ganz einfache Analyse ansetzen, ausgehend von statistischen Daten aus der Vergangenheit (Prognosen und Ergebnisse) oder, falls diese nicht mehr erhältlich sind, von jetzt an eine

Zeitlang in die Zukunft. Analysiert werden dann die *Beziehungen zwischen Prognosen und Ergebnissen* für jede Wettart getrennt. Geht es um Fußball, dann sind vor allem die Unentschieden- und die Ergebniswetten interessant; geht es um Pferderennen, so können Sieg- und Platzwetten betrachtet werden, Zwillingswetten, Zweierwetten, Dreierwetten, Finishwetten usw.; natürlich werden die Galopp- und Trabrennen ebenfalls getrennt behandelt.

Bemerkung: Solche Analysen sind ganz anders geartet als die vielfältigen Statistiken über Tore, Fouls und Elfmeter, mit denen die Kommentatoren das Publikum bei jeder Fußballübertragung quälen und die keinerlei prognostischen Wert haben; da könnten die Nachrichtensprecher genauso gut auf die Idee kommen, die Lottozahlen nicht nur zu verkünden, sondern auch noch ausführlich zu kommentieren.

Speziell bei Pferderennen sind die voraussichtlichen Gewinnquoten auf der sogenannten Totalisatortafel kurz vor Rennbeginn besonders wichtig, denn aufgrund statistischer Analysen können sie Aufschluss darüber geben, *welche Favoriten vom Publikum unterschätzt werden.* Auf dieser Basis sind schon fundierte Systeme mit positiver Gewinnerwartung entwickelt worden.

Das Folgende habe ich frei aus dem Vorwort von Wolfgang Teschners Fachbuch *Der Wettbörsen-Profi – Strategien und Spieltechniken für Sportwetten-Spekulanten* zusammengestellt; es gibt kurze geschichtliche Hinweise und einen groben Überblick der heutigen Wettmöglichkeiten im Internet.

P2P-Wetten über Betfair im www

Wetten haben im Vereinigten Königreich eine lange Tradition. Die Leidenschaft dafür blieb nicht nur auf exklusive Kreise beschränkt. Auch Kleinverdiener wie Bergleute und Industriearbeiter wetteten zu Anfang des 20. Jahrhunderts in privaten Wettgemeinschaften auf den Ausgang von Fußballspielen. Es dauerte nicht lange, bis diese Wettleidenschaft von Geschäftsleuten kommerzialisiert wurde. Der Buchhalter J. J. Barnard aus Birmingham war der Erste, der im Jahr

1921 ein Wettunternehmen gründete und für jedermann Totowetten anbot. Sein Beispiel machte schnell Schule. Bald konnte man in England bei verschiedenen Totogesellschaften – den sogenannten Soccer Pools – Wetten auf Fußballspiele abschließen.

Heute, im 21. Jahrhundert, sind Sportwetten weltweit Teil der modernen Freizeitkultur geworden. Über Kommunikationswege wie Computer, Handy und Internet können Spielaufträge in Sekundenschnelle abgewickelt werden. Mehr als 500 Online-Buchmacher halten ein Spielangebot bereit, das es nie zuvor in der Geschichte gab. Dank schneller DSL-Verbindungen können Wettfreunde sogar in Echtzeit während eines Sportereignisses an Live-Wetten teilnehmen.

Wurden die ersten Wetten der Geschichte noch unter Einzelpersonen abgewickelt, bildete sich im Laufe der Kommerzialisierung die Beziehung zwischen Einzelwetter und Wettunternehmen heraus. Ein Kunde, der eine bestimmte Wette abschließen wollte, aber keinen unmittelbaren Gegner fand, konnte sie bei einem Buchmacher seiner Wahl unter Dach und Fach bringen. Für diese Dienstleistung verlangte der Buchmacher natürlich eine Gebühr. Als gewinnorientiertes Unternehmen legte er das Quotenangebot so fest, dass für ihn bei jedem Spielausgang ein Gewinn heraussprang. Oder er setzte die Quotenhöhe so an, dass er zumindest langfristig im Vorteil war. Das dadurch für den Wettfreund zu überwindende Handicap von 10 oder 20 Prozent erwies sich bei häufiger Teilnahme als kaum lösbare Aufgabe. Früher oder später verlor er beim Buchmacher sein Geld. An dieser Situation hat sich für die meisten Wetter bis in unsere Tage nichts geändert. Erst als im Jahr 1999 *Betfair* die internationale Bühne betrat, kam es zu einer revolutionären Änderung.

Die Idee ihrer Gründer Andrew Black und Edward Wray war ebenso einfach wie genial. Der Sportwetter sollte nicht mehr gegen ein Unternehmen, sondern wie in alten Zeiten gegen Einzelpersonen wetten. Mit Hilfe einer extrem aufwendigen und für den Wettfreund ungewöhnlich informativen Software wurde die Idee der P2P-Systeme Wirklichkeit. Erstmals konnte wieder ohne Einschaltung eines Buchmachers und ohne Gewinnlimit direkt gegeneinander gewettet werden. Betfair sorgt als reine Handelsplattform nur für die korrekte Abwicklung aller Wetten. Die Quotenlegung und das Handelsvolumen ist allein Sache des Kunden. Da Quoten sowohl gekauft als auch verkauft werden können, haben Wetter bei Betfair auch die Möglichkeit, selbst als Buchmacher aufzutreten. Diese bestechenden und durch gesicherte Datentransfer realisierbaren Möglichkeiten haben dafür gesorgt, dass im Buchmacherranking des größten deutschsprachigen Sportwettenforums *wettpoint.com* das Unternehmen Betfair mit Abstand die Nummer eins ist.

An einer Wettbörse wie Betfair tummeln sich wirklich alle: Hobbywetter, Fortgeschrittene, Fallensteller, Professionelle und – höchst selten – auch Großmeister der Szene. Wer sich auf diese Plattform wagt, darf gegen alle von ihnen antreten. Die Erfolgschancen stehen für jene gut, die geschickter agieren als die große Masse. Da Betfair-Spekulanten nicht wie Buchmacher den Vorgaben bestimmter Gewinnmargen unterliegen, teils waghalsiger oder unerfahrener sind, verschiedenartige Strategien verfolgen und auch über ein sehr unterschiedliches Wissen verfügen, werden immer wieder Quoten auf den Markt geworfen, die in ihrer Höhe von Buchmachern niemals angeboten werden können. Der aufmerksame Beobachter (sprich: der intelligente Player und Stratege) weiß das zu schätzen. Vor allem die turbulenten und vom durchschnittlichen User nicht einfach zu bewertenden Quotenschwankungen bei Live-Wetten bieten immer wieder interessante Gewinnmöglichkeiten.

Das beinahe überbordende Wettangebot bei Betfair hat den Vorteil, dass sich jeder Wetter eine andere «ökologische Nische» suchen kann. So gibt es Spezialisten für Fußballwetten und solche für Tennis, Golf, Pferderennen oder Basketball. Allein innerhalb der Fußballwetten können Hunderte von Unterwettarten gespielt werden, die alle auf ihren Meister warten. Weil viele dieser Wetten nicht nur *vor* dem Spiel, sondern auch *live* verfolgt werden können, tut sich für findige Strategen ein beinahe endloses Feld auf.

Das Buch von Teschner erklärt nicht nur, wie eine Wettbörse allgemein funktioniert, sondern auch wichtige Wett- und Buchungstechniken. *Valuebetting*, *Surebetting* und *Trading* – die drei strategischen Säulen des Sportwetters – werden ebenso wie *Inplay*-Wetten unter die Lupe genommen, Strategien und Gewinnmöglichkeiten werden aufgezeigt. Natürlich wird auf das Kernstück einer Wettbörse – den Quotenhandel über *Back* und *Lay* – in besonderer Weise eingegangen. Wer das System Betfair in seinen Grundzügen begriffen hat, kann eine Fülle ungewöhnlicher Wett-Techniken anwenden. Neben Wettplattformen wie Betfair gibt es Wettforen, Quotenvergleichsdienste und Live-Scores, sodass jeder Spieler ein Maximum an Informationen zur Bewertung seiner Wetten zur Verfügung hat.

Aber um es vorwegzunehmen: Für die meisten Teilnehmer generieren Sportwetten sichere Verluste. Für eine Minderheit bieten sie indessen Gewinnmöglichkeiten, die sogar zu einer neuen inoffiziellen Berufsklasse – dem Profiwetter – geführt haben.

Kleines Beispiel einer durchgeführten Wette

Am 4. Dezember 2007 spielte Milan (AC Mailand) gegen Celtic (Celtic Glasgow) in der Champions-League (Gruppenphase). Milan war schon für die nächste Runde qualifiziert, und Celtic genügte ein Unentschieden, um sicher weiterzukommen. Es war nicht mit vielen Toren zu rechnen, denn wer reißt sich schon unnötigerweise ein Bein aus?

Der Betfair-Wettquoten-Markt reagierte auf diese Sachlage mit einer extrem niedrigen Unentschieden-Quote um 2,15. Wie gewohnt wurden aber Wetten für 5, 6 oder 7 Tore angeboten – eine gute Gelegenheit, dagegen zu wetten (das heißt, als Buchmacher aufzutreten, Wett-Typ *Lay*) oder eventuell durch Traden mit der Unentschieden-Quote und gleichzeitiger Absicherung auf ein 0:0 zum Erfolg zu kommen.

Milan schoss in der 70. Minute das 1:0. Die Back-Quote für Unentschieden sprang auf 4,70: eine Einladung zum Traden. Zusätzlich empfahl sich bei einer Celtic-Quote von 220, noch 1 € darauf zu riskieren – für den Fall, dass Celtic in den letzten 20 Minuten das Spiel doch noch dreht. (1:0 war der Endstand; Celtic kam dennoch weiter, weil der einzige Konkurrent ebenfalls verlor.)

Mit etwas Erfahrung bezüglich der Mechanismen einer Wettbörse benötigt die Buchung kaum mehr als ein paar Minuten.

Auswahl	Quoten	Einsatz (€)	Wett-Typ	Platziert	Gewinn/ Verlust (€)
Celtic	220,00	1,00	Back	04-Dez-07 21:23	–1,00
Unent-schieden	4,70	220,00	Back	04-Dez-07 21:14	–220,00
Unent-schieden	2,14	500,00	Lay	04-Dez-07 14:20	500,00

Die Abrechnung für den Wettquoten-Markt bei Betfair:		
	Zwischensumme Back:	–221,00
	Zwischensumme Lay:	500,00
	Zwischensumme Back & Lay:	279,00
	Abzüglich Kommission 5 %:	–13,95
	Netto-Summe des Marktes:	**265,05**

Von diesem Gewinn gehen allerdings noch 130 € «Versicherungssumme» für ein mögliches 0:0 ab, eine Torergebniswette, die ebenfalls bei Betfair (auf dem Markt «Endstand») abgeschlossen wurde.

Wenn nun kein einziges Tor gefallen wäre, dann wären drei Dinge passiert:

1. Man wäre zum Backen/Traden gar nicht mehr gekommen, da die Unentschieden-Quote ja nicht gestiegen, sondern nur gefallen und gefallen wäre.

2. Bei einem Einsatz von 500 € und einer Lay-Quote von 2,14 hätte man (2,14 – 1) × 500 = 570 € verloren.
3. Die Versicherung auf die Torergebniswette 0 : 0 in Höhe von 130 € hätte einen Gewinn gebracht, der den Verlust von 570 € zumindest wieder wettgemacht hätte.

Diese Inplay-Wette ist ein typisches Trading-Geschäft mit spekulativem, aber nicht unbegründetem Charakter. Sie ergibt unter dem Strich in den wahrscheinlichsten Fällen einen ziemlich sicheren Gewinn und veranschaulicht sehr deutlich den Charakter mehrstufiger Entscheidungen bei Risiko.

Sie dürfen sich nun den *worst case* ausmalen und seine (geringe) Wahrscheinlichkeit abschätzen. Doch Sie wissen ja selbst: Wenn der Himmel einstürzt, sind alle Spatzen tot.

Das Börsen-Casino

Schon im 17. Jahrhundert handelten Kaufleute Rohstoffe wie Getreide, Öl oder Edelmetalle mit Verträgen, die Käufe in der Zukunft festlegten. Die Erzeuger sicherten sich so gegen einen Verfall der Preise ab. An der Börse heißen solche Kontrakte Optionen. Der Käufer einer Option erwirbt das Recht, zu einem festgesetzten Preis in einigen Monaten Aktien oder Devisen zu beziehen. Steigt der Kurs, macht der Käufer Gewinn. Sinkt er, wird er auf sein Kaufrecht verzichten, die Bank streicht das Geld für die Option als Gewinn ein. Jedes Jahr wechseln an den Börsen weltweit Optionen im Wert von Dutzenden von Billionen Euro den Besitzer.

An der Börse hat sich inzwischen eine ganze Reihe von Papieren mit immer komplizierteren Regeln entwickelt: Barrier-, Ratio-, Lookback-, Basket-, Quanto-, Ladder- oder Strangle-Optionen. Bei einem Strangle zum Beispiel erwirbt man gleichzeitig einen *Call* sowie einen *Put* (eine Kauf- sowie eine Verkaufsoption) auf dieselbe Aktie. Damit wird auf starke Kursausschläge nach oben oder unten spekuliert. Im einen Fall kommt der Call, im anderen der Put «ins Geld». Macht der Aktienkurs im entsprechenden Zeitraum dagegen eine Seitwärtsbewegung, sind beide Optionen futsch.

Versicherungsgesellschaften sichern Schäden von Wetterkapriolen bis Naturgewalten ab und bieten Anleihen an. Wer solche Anleihen erwirbt, bekommt auf die Coupons keine Zinsen ausgeschüttet, wenn die versicherten Schäden eine gewisse Höhe überschreiten. In Europa gelten solche Papiere, deren Wert von Naturgewalten abhängt, noch als Exoten, in den Vereinigten Staaten sind sie längst gang und gäbe. Die New Yorker Firma *Worldwide Weather Trading* beispielsweise ist auf Kontrakte über Regen, Schnee und Temperatur spezialisiert. In Kalifornien sichern die Finanzmärkte gar das Risiko von Erdbeben ab. Versicherungsgesellschaften geben Prospekte heraus, die das Risiko anhand der Schäden der vergangenen Jahre detailliert darstellen, beispielsweise von Hagelstürmen.

Solche Geschäfte gehen allerdings längst nicht mehr ohne höhere Mathematik ab. Mathematiker und Ökonomen suchen nicht nur nach den Regeln für das scheinbar chaotische Auf und Ab der Kurse, sondern tüfteln auch an ausgeklügelten Modellen, um den angemessenen Preis einer Anleihe auf die Natur herauszubekommen. Ernst Eberlein, Mathematiker an der Universität Freiburg, berichtet von wissenschaftlichen Tagungen zum Thema, bei denen «die Hälfte der Leute von der Wall Street» komme. Normale Bankleute seien da «völlig überfordert».

Vielleicht denken Sie jetzt: Wenn schon bei manchen Glücksspielen signifikante Gewinne möglich sind, wie leicht muss das erst an der Börse gehen! Immerhin nimmt man teil am fundamentalen Wert und am künftigen Mehrwert und Gewinn der Aktiengesellschaften. Und das Umsatzvolumen am weltumspannenden Börsennetz ist täglich so gigantisch, dass sich das jährliche Bruttoeinspielergebnis der Spielbanken dagegen mickrig ausnimmt.

Das beste Geschäft: das Geld der anderen

Jeder Wertpapierhändler und Portfoliomanager gibt sich überzeugt davon, dass er in der Lage ist, durch die Auswahl der geeigneten Wertpapiere, Märkte und Währungen mittel- bis langfristig eine höhere Rendite zu erzielen, als er nach den eingegangenen Risiken zu erwarten hätte; er glaubt, er könne «den Markt schlagen». Auf dieser Auffassung basiert ein Wirtschaftszweig von internationaler Bedeutung, nämlich die aktive Vermögensverwaltung und das Wertpapiergeschäft.

Demgegenüber geht die Lehre des Homo oeconomicus von der Markteffizienzhypothese aus: Ein effizienter Markt bedeutet, dass sich alle kursrelevanten Informationen unverzüglich und korrekt in den Kursen niederschlagen, was zur Folge hätte, dass kein Anleger auf Dauer eine überdurchschnittliche Rendite, eine *Überrendite*, erzielen kann, ohne gleichzeitig ein überproportionales Risiko einzugehen.

Die Spekulation erfüllt nach überwiegender Meinung einen marktwirtschaftlichen Nutzen. Aber offensichtlich mischt nur ganz selten auch ein wahrhaft rationaler Homo oeconomicus mit, denn schließlich sind wir Menschen ja nicht frei von Emotionen und Hoffnungen – eine Tatsache, die schon Johan Huizinga erkannt hatte. In seinem Buch *Homo ludens* (1938) schrieb er: «Man spielt am Roulette-Tisch, und *man spielt an der Börse*. Im ersten Fall wird der Spieler zugeben, dass sein Handeln Spielen ist, im zweiten nicht. Kaufen und Verkaufen mit der Hoffnung auf unsichere Aussichten von Preissteigerung und Preissenkung gilt als ein Teil des *Geschäftslebens*, der ökonomischen Funktion der Gemeinschaft. In beiden eben genannten Fällen ist das Streben, Gewinn zu machen, maßgebend. Im ersten wird die reine Zufälligkeit der Chance zugestanden, wenn auch nicht völlig, denn es gibt ja *Systeme*, um zu gewinnen. Im anderen Fall macht sich der Spieler irgendeinen Wahn vor, er könne die zukünftige Tendenz des Marktes berechnen. Der Unterschied in der Geisteshaltung ist äußerst gering.»

Nirgends, sagte Börsen-Altmeister André Kostolany auch ein halbes Jahrhundert später noch und immer wieder, sei er innerhalb einiger weniger Quadratmeter so vielen Dummköpfen begegnet wie auf dem Börsenparkett. Wahrscheinlich hat er sich nie an Roulettetischen aufgehalten. Auch ein kurzer Besuch an den Black-Jack-Tischen zeigt, dass selbst bei diesem nahezu fairen Spiel von zahlreichen Spielern eindeutig ungünstige Verhaltensweisen bevorzugt werden, die zwischen fünf und acht Prozent Verlust bringen. Das Wissen um die optimale Strategie kann den Unterhaltungswert doch nicht mindern – ganz im Gegenteil!

Doch auch das Börsengeschäft wird offensichtlich vom Homo emotionalis betrieben, mitunter vom Homo irrationalis, und, nicht zu vergessen, auch vom Homo criminalis. Kurzum: Auch dies Geschäft wird von Menschen betrieben, die nicht anders sind als andere.

Die Berichte darüber häufen sich, dass spielsüchtige Börsianer immer öfter auf dem Parkett der internationalen Finanzmärkte ausrutschen, angezogen von der Aussicht auf enorme Gewinne. Ihr Erkennungsmerkmal: «Je mehr sie verlieren, desto fanatischer werden sie; selbst wenn sie schon 90 Prozent verloren haben, denken sie, dass sie das System bestimmt bald knacken werden», stellen Verhaltensforscher fest. Dahinter stecke der Glaube, die Spielregeln der Finanzmärkte zu durchschauen.

Da sind zum einen die Fachleute der Banken, und diese befinden sich nicht selten in einem Interessenskonflikt: einerseits als Anlageberater, andererseits als Kreditgeber für die Wirtschaft. Also ist von denen nichts wirklich Zuverlässiges, Objektives zu erwarten – jedenfalls nichts Altruistisches, zumal Banken zumindest an den Gebühren verdienen.

Dann gibt es die lauten Börsengurus, Verkäufern von Roulettesystemen vergleichbar: *forget them!* Extremprognosen machen zwar Furore, wenn sie (zufällig) eintreffen; wenn nicht, ist der Bart ab. Und die Sieger von gestern sind die Verlierer von morgen – und zwar trotz des Umstands, dass sie mit ihren beachteten Prognosen oftmals die Kursbewegungen auslösen, die sie vorhersagen.

Was ist mit den Fundamentalisten und den Chartisten? «Je ökonomischer sie argumentieren, desto unsinniger werden die Prognosen», stellen Maas und Weibler in ihrem Buch *Börse und Psychologie* fest. Die Hauptthese: Rationales Verhalten an der Börse ist eine Fiktion. Nachfolgend eine Zitat-Collage aus dem Buch:

- *Je rationaler Menschen meinen zu denken, desto weniger rational verhalten sie sich.*
- *Märkte mögen effizient sein, Menschen sind es nicht; und je effizienter Märkte sind, desto mehr braucht man einen Psychologen, um sie zu verstehen.*
- *Es ist besser, nichts zu wissen, da nach dem Zufallsprinzip zusammengestellte Aktienfonds bessere Ergebnisse erzielt haben als professionell gemanagte Fonds.*

Die Branche der Investmentberater in den USA verdient etwa 100 Milliarden Dollar jährlich. Doch die erdrückende Mehrheit dieser Wall-Street-Propheten schneidet nicht besser ab als der Zufall. Trotzdem fallen ziemlich regelmäßig Massen von kleinen Anlegern auf Gurus und Finanzjongleure herein, und Banken selbst beschäftigen windige Zocker, um ihre Renditen zu steigern. Manchmal endet das mit Riesenverlusten und im Chaos.

Einer, der die Karriere vom jungen Finanzjongleur zum Knastbruder geschafft hatte, war der Brite Nick Leeson, der im Zeitraum 1993–1995 von Singapur aus auf einen steigenden Nikkei-Index der Tokioter Börse spekulierte – mit immer größeren Einsätzen (Roulette-Systemiers kennen das: wilde Einsatzprogression auf Schwarz, in der Hoffnung, dass die Rot-Serie endlich abbricht). Kleinere Gewinne wies er aus, und über 850 Millionen Pfund (1,4 Milliarden Euro) Verlust parkte er vorerst auf Geheimkonten – in der Hoffnung, diesen Verlust durch künftige Gewinne wieder ausgleichen zu können. Doch die Glattstellung blieb aus, das Progressionssystem platzte, und die traditionsreiche Londoner Barings-Bank machte Pleite.

Ein Vermögen in der gleichen Größenordnung verspekulierte der österreichische Finanzjongleur Wolfgang Flöttl vor ein paar Jahren in der Karibik im Auftrag der Gewerkschaftsbank Bawag. Jetzt, im Herbst 2007, beim Prozess gegen die Verantwortlichen in Wien, sind nicht einmal mehr Unterlagen der Riesenverluste vorhanden – als ob die jahrelange Büroarbeit Flöttls darin bestanden hätte, Berge von Geldscheinen durch den Reißwolf zu jagen und dann zu entsorgen. Das Geld hat sich natürlich keineswegs im Nichts aufgelöst; es hat lediglich den Besitzer gewechselt. Das sind nur zwei markante Beispiele; die Liste der seriös auftretenden, windigen Anlageberater und Vermögensverwalter, die laufend Millionen in den Sand setzen, ist ellenlang.

In der letzten Januar-Woche 2008 kursierte die Nachricht über alle Kanäle, dass der kleine angestellte Terminhändler Jérôme Kerviel der französischen Société Générale *fast fünf Milliarden Euro* seiner Bank in einem Jahr verzockt hat – ein neuer Weltrekord. Die Verluste soll er durch fiktive Geschäfte kaschiert haben. Kontrolle? Ach ja, vorher arbeitete der 31-Jährige eine Zeitlang in der Kontrollabteilung seiner Bank.

Natürlich sind die Finanzjongleure nicht alleine schuld. Aber wenn sie einmal in den Strudel geraten und gefangen sind, können sie fast nicht anders, dann mobilisieren sie ihre ganze Energie, mitunter auch die kriminelle, um da wieder herauszukommen. Die Schuld liegt auch bei der nicht selten naiven, unerfahrenen – und manchmal sogar kriminellen – Aufsicht.

Zehn Jahre nach dem Skandal antwortete Nick Leeson auf die Frage, ob er denn einen Tipp für Anleger habe: «Traue keinem Finanzverwalter. Mach dich schlau und kümmere dich selbst um dein Geld.»

Bachelier, Einstein und der Weg eines Betrunkenen

1827 blickte der Botaniker Robert Brown durch sein Mikroskop auf einen Flüssigkeitstropfen. Winzig kleine Teilchen sprangen ziellos in der Flüssigkeit umher. Die Teilchen waren nicht etwa lebendig; und die Flüssigkeit war absolut unbewegt. Worauf war also die Bewegung zurückzuführen? Brown schlug vor, sie sei eine Konsequenz der molekularen Natur der Materie. Die Flüssigkeit, als solche insgesamt unbewegt, besteht aus winzig kleinen Molekülen, die mit hoher Geschwindigkeit umherwirbeln und in zufälliger Weise miteinander zusammenstoßen. Wenn die Moleküle an ein in der Flüssigkeit suspendiertes Teilchen stoßen, erteilen sie ihm einen zufälligen Impuls.

Bei zufälligen, *stochastischen Prozessen* befindet sich ein gewisses System in einem bestimmten Zustand, und zu jedem Zeitpunkt kommt es zu einer zufälligen Änderung des Zustands nach einer gewissen spezifizierten Menge von Wahrscheinlichkeiten. Der einfachste Prozess dieser Art ist die eindimensionale *Irrfahrt* (englisch: *random walk*). Man stelle sich eine Gerade vor, auf der die positiven und negativen ganzen Zahlen abgesteckt sind: … , −3, −2, −1, 0, 1, 2, 3, … Zur Zeit 0 startet an der Stelle 0 ein Teilchen. Zur Zeit 1 wird eine Münze geworfen: Wenn Kopf erscheint, bewegt sich das Teilchen um eine Einheit nach rechts, bei Wappen um eine Einheit nach links. Ist die Münze unverfälscht, sind die *Übergangswahrscheinlichkeiten* für die Bewegung nach rechts oder links auf jeder Stufe ½. Gefragt wird nach dem Verhalten dieses Systems auf lange Sicht.

Zweidimensionale Irrfahrten werden gern durch den Weg eines Betrunkenen illustriert. Die Brown'sche Bewegung kann nun als (kontinuierliche) Irrfahrt im dreidimensionalen Raum modelliert werden. Trotz seiner Einfachheit beschreibt das Irrfahrtmodell ziemlich gut die physikalischen Diffusionsprozesse.

Der Erste, der den Zusammenhang zwischen Irrfahrten und Diffusion – hier von Information – entdeckt hat, war Louis Bachelier in seiner Dissertation «Théorie de la spéculation» (1900). Die Prüfer verhielten sich eher ablehnend gegenüber dieser Arbeit. Bachelier war jedoch nicht darauf aus, die Brown'sche Molekularbewegung zu studieren; er hatte sein Augenmerk auf etwas gerichtet, das den Ursprüngen der Wahrscheinlichkeitstheorie im Glücksspiel nähersteht:

auf die zufälligen Schwankungen an der Pariser Börse. Insofern ist es nicht gar so überraschend, dass seine Dissertation über Aktienkurse und Teilhaberschaften bei den theoretischen Physikern wenig Aufmerksamkeit fand.

Ein paar Jahre später, 1905, lieferte Albert Einstein die Grundlagen der mathematischen Theorie der Brown'schen Bewegung, und von Norbert Wiener, dem Kybernetiker, wurde diese später umfassend ausgearbeitet und vertieft. Erst Jahrzehnte später entdeckte man, dass Bachelier viele dieser Grundgedanken vorweggenommen hatte! So wurde Louis Bachelier, der 1946 in der französischen Provinz als verkanntes Genie starb, ein Pionier der Finanzmathematik.

Die Random-Walk-Hypothese

Zahlreiche wissenschaftliche Einsichten in die Mechanismen der Finanzmärkte machen eine wesentliche Voraussetzung für die Aktienkursbewegungen: die sogenannte Random-Walk-Hypothese. Diese lässt sich mathematisch auf verschiedene Arten präzisieren, doch laufen alle Ansätze auf die Feststellung hinaus, dass über die zukünftige Entwicklung allein auf der Basis vergangener Kursbewegungen nichts ausgesagt werden kann. Wie man heute aus zahlreichen Untersuchungen weiß, spiegelt dies die Wirklichkeit sehr gut wider.

Künstliche Intelligenz; Innovationen und Markteffizienz

Trotz der Random-Walk-Hypothese versuchen Legionen von Tüftlern, Amateure wie Profis, den Zufall zu zähmen. Eine Zeitlang war es Mode, mit Hilfe von *Expertensystemen, künstlichen neuronalen Netzen* und *genetischen Algorithmen* Kursprognosen zu erstellen, die Überrenditen bringen sollten. Auch beim *Data Mining* (Datenschürfen) geht es darum, in großen Datenmengen etwas zu entdecken, von dessen Existenz man noch nichts wusste – eine vorerst blinde Suche nach unbekannten Gesetzmäßigkeiten in einem bestimmten Datendschungel. Wie verführerisch für naive Systemtüftler, wenn die Daten Roulette-Permanenzen oder Aktienkurse sind!

Doch diese Methoden, die durchaus adäquate Anwendungsgebiete haben können, brachten für die Kursprognosen im Prinzip nicht mehr als die klassischen Methoden der statistischen Analyse. Überhaupt ist es offenbar so, dass die Methoden der *künstlichen Intelligenz* unter allen wissenschaftlichen Methoden ihre deklarierten Zukunftsaussichten bisher am weitesten verfehlten.

Kurzfristige Überrenditen sind dennoch möglich: durch Insiderinformationen oder Innovationen – wobei die Nutzung von Insiderinformationen zum Zweck der Börsenspekulation gesetzwidrig ist. Wie wären die durch technologische Innovationen erzielbaren Überrenditen fundiert? Die Markteffizienzhypothese geht implizit davon aus, dass der Markt für alle Teilnehmer im Wesentlichen gleich effizient ist. Das ist jedoch dann nicht der Fall, wenn innovative Marktteilnehmer erstmals neue Technologien anwenden, mit denen sie für eine gewisse Zeit Überrenditen erzielen können. Das Schema eines solchen Innovationszyklus weist drei Phasen auf:

1. Der Markt ist zuerst effizient, weil kein Marktteilnehmer gegenüber seinen Konkurrenten über einen Kommunikations-, Wissens- oder Technologievorteil verfügt.
2. Neue Erkenntnisse und Errungenschaften werden zunächst von Innovatoren erkannt, die sich damit Überrenditen sichern können oder könnten.
3. Andere Marktteilnehmer haben nachgezogen und damit wieder für einen Ausgleich gesorgt. Die Märkte sind wieder effizient, aber auf einem höheren wissenschaftlich-technischen Niveau.

Technische Innovationen können einer Aktiengesellschaft also durchaus Überrenditen bescheren, doch nach einer gewissen Zeit ziehen andere Firmen nach, und der Markt wird wieder effizient – und es gilt folglich wieder die Random-Walk-Hypothese. (Freilich wird der Markt nur dann wieder effizient, wenn ausreichend echter Wettbewerb herrscht; Oligopolisten, wie die Energieversorger in Deutschland, können zu Lasten der Verbraucher weiterhin Überrenditen erzielen.)

Im Allgemeinen sind nicht nur die Kurse unvorhersehbar, sondern auch die Technologien und ihre Auswirkungen. Noch einmal das Argument Karl Poppers im Hinblick auf die Börse: Der Lauf der Welt (der Ereignisse in der Börsenwelt) ist wesentlich vom Zuwachs des menschlichen Wissens bestimmt; das ist aber nicht vorhersehbar – sonst wüssten wir bereits, was wir erst wissen werden.

Einsichten müssen nicht zu Prognosen führen

Genauso wie Poker ein gutes Beispiel dafür ist, dass die Spieltheorie uns kein Rezept in die Hand gibt, wie dieses Spiel optimal zu spielen ist, ist die Spekulation an den Finanzmärkten ein gutes Beispiel dafür, dass Einsichten nicht immer zu Prognosen führen (und führen müssen). Es ist sogar ein Beispiel dafür, dass Vorhersagen nicht der einzige Zweck von Erkenntnissen sein müssen; Erkenntnisse genügen sich manchmal selbst.

So kann zum Beispiel im klassischen Roulette keine Information über die Zufallsverteilung der Chancen und ihrer Sequenzen zu Prognosen führen, die für den Spieler auch nur den geringsten Vorteil gegenüber der Bank begründen würden. Auch die Kenntnis der Random-Walk-Hypothese erlaubt keinerlei Vorhersagen von Aktienkursen mit einem anderen als dem durchschnittlichen Vorteil. Erst Informationen über *Abweichungen* von den erwähnten grundlegenden Zufälligkeiten können andere, höhere Gewinnerwartungen begründen.

Nobelpreis für Optionsbewertungen ... schützt nicht vor Börsenverlusten

Der Handel mit Optionen verlangt ihre korrekte Bewertung – die wiederum auf ausgeklügelten mathematischen Konzepten basiert. Wie lässt sich das Risiko eines steigenden Kurses in Euro und Cent beziffern? Zu Beginn der siebziger Jahre fanden die US-amerikanischen Ökonomen Fischer Black, Myron Scholes und Robert Merton eine Antwort. Sie argumentierten dabei mit dem «No-Arbitrage-Prinzip», zu dessen Erklärung man etwas ausholen muss: Wer am Finanzmarkt Geld anlegt, sichert sich ab, indem er einen möglichst breitgefächerten Strauß von Wertpapieren erwirbt, ein sogenanntes Portfolio. Dadurch sind eventuelle Verluste bei einer einzelnen Anleihe leichter zu verschmerzen. Das «No-Arbitrage-Prinzip» geht davon aus, dass man mit einer richtig bewerteten Option *kein* Portfolio schnüren kann, das einen sicheren Gewinn verspricht.

So könnte man sich etwa vorstellen, dass eine Bank Aktien kauft und zugleich eine Option auf dieselben Aktien zum aktuellen Kurs verkauft. Bei steigendem Kurs macht sie dann einerseits Gewinn durch die Aktie und andererseits Verlust durch die Option. Sinkt dagegen der Kurs, macht die Aktie Verluste und der Verkauf der nun wertlosen Option bringt Gewinn. Richtig bewertet – so die Überlegung von Black, Scholes und Merton – ist eine Option dann, wenn das Portfolio aus Aktie und verkaufter Option keinen höheren Gewinn abwirft, als der normale Zinssatz auf sicher angelegtes Geld verspricht. Diesen Preis gibt die Black-Scholes-Formel an, der die komplizierte Mathematik der sogenannten stochastischen Prozesse zugrunde liegt.

Obwohl Optionen ursprünglich als Instrumente zur Absicherung von Risiken konzipiert wurden, gab es bald immer mehr Spekulanten und Zocker, die ausschließlich mit Optionen handelten. Attraktiv dabei ist die Hebelwirkung im Gewinnfall, da nur ein Bruchteil des gehandelten Wertes für die Option hinterlegt werden muss, sagen wir 10 Prozent des (zum Beispiel aktuellen) Aktienwerts. Hat man eine

Kaufoption erworben und ist der zugehörige Aktienkurs um 10 Prozent gestiegen, hat sich bei Ausübung der Kaufoption die hinterlegte Summe grob verdoppelt! Sie vermuten zu Recht, dass ein entsprechend fallender Aktienkurs die hinterlegte Summe für die Kaufoption gänzlich wegrafft. Hier hätte nur eine Verkaufsoption Erfolg gehabt.

Noch Anfang der siebziger Jahre lehnten es einige Fachzeitschriften ab, die Artikel von Black, Scholes und Merton zu veröffentlichen. Das Thema sei zu speziell. Inzwischen ist die Black-Scholes-Formel auf dem Taschenrechner eines jeden Börsenhändlers programmiert. Einzugeben sind lediglich fünf Zahlen: die Laufzeit, der festgelegte Aktienverkaufspreis, der aktuelle Kurs der Aktie, der Zinssatz und die sogenannte Volatilität, die angibt, wie stark der Aktienmarkt in Bewegung ist – wie häufig und stark seine Schwankungen sind. Der kritische Wert dabei ist die Volatilität, die aus den Kursverläufen der letzten Zeit geschätzt wird.

Merton und Scholes, die 1997 den Nobelpreis für ihre Formel erhielten (Black starb 1995), mussten allerdings die Unsicherheiten des Marktes am eigenen Leib erfahren. Sie beteiligten sich an der Firma *Long-Term Capital Management*, die trotz ihres Genies im Herbst 1998 Riesenverluste machte. Der Grund: Als Russland entschied, seine Schuldenzahlungen einzustellen, reagierten die Investoren mit einer Panik, die kein mathematisches Modell vorhersagen konnte – und die Kurse rutschten in den Keller. Selbst der Nobelpreis schützt also nicht vor Börsenverlusten.

Das hindert die Mathematiker nicht, immer wieder neue Modelle für das Börsengeschehen zu entwerfen. Manche verfeinern die Black-Scholes-Formel, indem sie zeitliche Änderungen von Zinssatz und Volatilität berücksichtigen. Andere versuchen als *Daytrader* Gesetzmäßigkeiten innerhalb eines jeden Börsentages zu entdecken. Merton selbst vertiefte sich in einen Ansatz, der Kurssprünge wiedergibt, wie sie etwa im Oktober 1989 auftraten. Wieder andere arbeiten an ganz neuen Konzepten. Der Mathematiker Benoît Mandelbrot zum Beispiel kritisiert, die heutigen gängigen «Value at Risk»-Modelle zur Abschätzung von Marktrisiken, die auf den Formeln für die Brown'sche Bewegung aufbauen, seien nicht «sturmsicher». Um diese Mängel zu beheben, will er die von ihm erfundene «fraktale Mathematik» für die Finanzmarktanalyse fruchtbar machen. «Selbst so abstrakte Dinge wie unendlichdimensionale Räume tauchen inzwischen im Bankwesen auf», erzählt Hans Föllmer, Mathematiker an der Berliner Humboldt-Universität.

Auch das Anlegerverhalten ist aufschlussreich

Die Wissenschaft macht dabei auch vor dem Verhalten der Anleger nicht halt. Der Bonner Ökonom Thomas Lux und der italienische Computerwissenschaftler Michele Marchesi simulierten das Kaufverhalten von 500 virtuellen Brokern: Die Fundamentalisten orientierten sich an firmenspezifischen Daten, die Chartisten suchten nach Preistrends und folgten in ihrem Verhalten der Mehrheit ihrer Kollegen. Jeder Akteur wechselte mit einer festgelegten Wahrscheinlichkeit seine Strategie, wenn diese bei der letzten Transaktion größeren Gewinn gebracht hätte. Ergebnis: Immer wieder verfolgte eine deutliche Mehrheit den chartistischen Ansatz, berichteten Lux und Marchesi. Die beiden Forscher sehen mit ihrem simulierten Aktienmarkt die klassische These widerlegt, der Aktienkurs reflektiere allein die Geschäftsaussichten eines Unternehmens. Wäre dem so, hätten die Chartisten mit der Zeit aussterben müssen. Auch die Finanzmathematik kommt am Herdentrieb offenbar nicht vorbei.

John Maynard Keynes war nicht nur als Ökonom legendär, er war ein ebenso erfolgreicher Spekulant an der Börse. Sein Rezept: «Das Geheimnis des erfolgreichen Börsengeschäftes liegt darin, zu erkennen, was der Durchschnittsbürger glaubt, dass der Durchschnittsbürger tut.» Allerdings sagte er in seiner *General Theory* auch: «So lange die Spekulationen die Schaumkrone auf dem Fluss der Unternehmertätigkeit sind, ist das gut. Wenn allerdings die Spekulationen den Fluss antreiben, dann wird es gefährlich.»

Gewinnbringende Langzeitstrategien

Börsenspekulationen haben eine große Ähnlichkeit mit dem Poker-spiel: Einerseits gibt uns die Spieltheorie kein Rezept in die Hand, wie diese Spiele optimal zu spielen sind, andererseits gibt es Spieler, die im Mittel nachhaltig gewinnen und besser sind als andere.

Einige erfolgreiche Investitionsstrategien sind bekannt geworden unter Bezeichnungen wie Wertzuwachs-Strategie, Small-Cap-Strategie, Dividenden-Strategie oder Cornerstone-Strategie. Eine erste Übersicht bietet das Buch von Volker Gelfarth: *Die besten Anlage-Strategien der Welt – Investieren wie Buffett, Lynch, Graham & Co.* Auch der Risikostreuung und den Absicherungs-Strategien ist ein Kapitel gewidmet.

KAPITEL 5

Menschliches Verhalten: intuitiv, begrenzt rational

Die Spieltheorie, zumal die ökonomisch orientierte, postuliert den *Homo rationalis*. Das Postulat ist in mehr als einer Hinsicht problematisch. Denn es gibt weder eine wie auch immer geartete objektive (Kapitel 3) noch eine absolute Rationalität (Kapitel 7). (Bei der Anwendung der Spieltheorie auf die Biologie stellt sich das Problem nicht, denn in der Natur ist die Optimierung ein Ergebnis der Evolution und nicht der rationalen Überlegung.)

Bis heute gilt es geradezu als Gütesiegel theoretischer Analysen, wirtschaftliches Verhalten zu «erklären», indem es auf ein (vereinfachtes) Nash-Gleichgewicht rationaler Akteure zurückgeführt wird. Neuere Ergebnisse der experimentellen Wirtschaftsforschung zeigen jedoch, dass reale Menschen nicht selten Strategien wählen, die kein Nash-Gleichgewicht darstellen. Und diese von der klassischen Theorie abweichenden Entscheidungen werden verschiedentlich begründet. Damit wird die eminent wichtige Frage nach der empirischen Gültigkeit der rationalen Spieltheorie aufgeworfen. Und weiter: Stellt die normative Ökonomie (Soll-Ökonomie) nur einen Spezialfall der umfangreicheren deskriptiven und experimentellen Ökonomie (Ist-Ökonomie) dar?

Doch zunächst vergegenwärtigen wir uns, dass es das Privileg des Menschen ist, irrational zu denken und zu handeln. Als Beispiel möge uns ein häufig vorkommendes, irrationales Entscheidungsphänomen dienen, das den Namen «Concorde-Falle» erhalten hat.

Dollarauktion und Concorde-Falle

Martin Shubik lehrte und forschte seit 1963 an der Yale University auf verschiedenen Anwendungsgebieten der Spieltheorie. Er hat sich ein Spiel ausgedacht und 1971 veröffentlicht, bei dem ein Dollar versteigert wird. Das Mindestgebot ist ein Cent. Jeder Bieter kann überboten werden. Das Spiel hat jedoch eine Sonderregel: Das Geld muss nicht nur vom letzten Bieter bezahlt werden – der den Dollar erhält –, sondern auch vom vorletzten – der leer ausgeht.

Shubik berichtete, er habe den Ein-Dollar-Schein bei Partys durchschnittlich für 340 Cents versteigert; er kassierte aber nicht nur den Preis des Bieters, der den Zuschlag bekam, sondern auch den Betrag des vorletzten Gebots – somit insgesamt über 6,50 Dollar, und zwar nicht für einen Gegenstand mit kaum bezifferbarem subjektivem Wert, sondern für einen ganz gewöhnlichen Dollar.

Erstaunlich, dass sich erwachsene und intelligente Menschen auf dieses Spiel eingelassen haben und bereit waren, für einen Dollar drei bis vier Dollar zu zahlen – freiwillig und bewusst. Ein (sinnloser) Imponierkampf?

Eine grobe Betrachtung des Spiels zeigt, dass es mehrere Phasen und kritische Punkte hat. Geht es den Teilnehmern zu Beginn darum, einen Gewinn zu realisieren, so geht es ihnen bei fortgeschrittenem Spiel, wenn die Gebote gewisse Grenzen erreichen oder überschreiten, mehr um die Begrenzung ihres Verlustes – meistens zu spät. Sehr ausführlich analysiert László Mérö dieses Auktionsspiel und zahlreiche Varianten (Dollarauktionen im Alltagsleben; Dollarauktionen in der Tierwelt) in seinem Buch *Die Logik der Unvernunft – Spieltheorie und die Psychologie des Handelns*.

Die speziellen Regeln der Dollarauktion mögen bizarr anmuten, doch das Wertvolle sind die psychologischen Situationen, in die ein Teilnehmer im Verlauf des Spiels hineinkommt und die im Modell untersucht werden können. Es zeigt sich, dass das überraschende Ergebnis des Spiels ein ziemlich universelles Phänomen ist, das sich keineswegs auf die Dollarauktion beschränkt. Ein Forscher cha-

rakterisierte das Spiel mit «Zu spät zum Aufhören». Andere Spieltheoretiker nennen dieses Phänomen auch die «Concorde-Falle», in
Anlehnung an das britisch-französische Überschallflugzeug, dessen
Entwicklungskosten ins Unermessliche stiegen: ein Dollar-Auktions-
spiel, bei dem es um einige Milliarden Dollar geht. Und schon früh
stellte sich heraus, dass dieses Unternehmen niemals einen Gewinn
abwerfen würde. Es wäre sogar billiger gewesen, das Unternehmen
nach dem ersten Probeflug zu beenden, denn auch im Betrieb flog
die Concorde nur Verluste ein. Aber es war längst ein Prestigeobjekt
geworden, bei dem die gleichen psychologischen Phänomene am
Werk waren, die auch beim Dollarauktionsspiel wirken.

Zahlreiche andere, von der rationalen Spieltheorie abweichende
Entscheidungen stehen (im Hinblick auf wirtschaftlich-rationale Kriterien) nicht auf so wackeligen Füßen, und denen widmen wir uns
jetzt.

Abweichungen von der Theorie: nicht immer unbegründet

Rosemarie Nagel und Christoph Pöppe von *Spektrum der Wissenschaft* berichten von ihrem Sommerkurs der *SchülerAkademie* über
«Spieltheorie und menschliches Verhalten»:

> Wonach strebt der Mensch in seinen Geschäften? Wirklich nur
> nach seinem Vorteil, wie die klassische Wirtschaftstheorie un-
> terstellt?
> Im Rahmen der *Deutschen SchülerAkademie* ist im Sommer
> 2002 eine Gruppe hochbegabter Schüler dieser Frage auf
> klassisch-wissenschaftlichem Wege nachgegangen: durch das
> Experiment. Versuchspersonen waren sie selbst, und es gab et-
> liche Überraschungen! Die Experimente eignen sich zur Nach-
> ahmung in Leistungskursen oder ähnlichen Gruppen.

Habgier ist normal; Neid ist völlig verfehlt, und irgendwelche sozialen Überlegungen sind sowieso belanglos. Das ist der Standpunkt des rational handelnden Wirtschaftssubjekts: Hauptsache, ich werde selber fett, und es stört mich nicht, wenn mein Nachbar noch fetter wird – oder verhungert. So weit die Theorie.

Uns ist es im Kurs schwergefallen, uns selbst in diesem fiktiven Akteur wiederzufinden. Entsprechend haben wir in den Experimenten, in denen wir ausdrücklich aufgefordert waren, nur unseren Vorteil zu suchen und sonst gar nichts, dieser Aufforderung häufig zuwidergehandelt. Wir befinden uns dabei in guter Gesellschaft: In den professionell durchgeführten Experimenten, in denen es um echtes Geld geht, fanden die Versuchspersonen ebenfalls andere Dinge wichtiger als den eigenen Vorteil.

Wozu ist die Theorie dann gut, wenn sie das Verhalten der Menschen nicht erklärt? Sie erklärt einen Teil ihres Verhaltens, nämlich den, der von dem Bestreben nach Nutzenmaximierung motiviert ist. Damit dient sie auch dazu, die verschiedenen Motive, die unser Handeln bestimmen, säuberlich auseinanderzuhalten.

Nach einem beliebten Ökonomen-Spruch ist experimentelle Wirtschaftswissenschaft so ähnlich wie eine Einladung zum Abendessen bei den Kannibalen: Manchmal sitzt du am Tisch und manchmal im Kochtopf (*sometimes you are the diner and sometimes the dinner*).

Dementsprechend waren die Kursteilnehmer sämtlich sowohl (einmal) Versuchsleiter als auch (alle anderen Male) Versuchspersonen. Die Analyse der verschiedenen Motive für unser Handeln geriet meistens ziemlich lebhaft.

Die durchgeführten Spiele waren breit gestreut: Lotterien, das Gefangenendilemma, das Spiel um das öffentliche Gut (siehe *Ein aktuelles, immer drängender werdendes «n-Nationen-Gefangenendilemma»* in Kapitel 3), Stein-Schere-Papier, das Apfelmarkt-Spiel, Auktionen, das Koordinationsspiel, das Ultimatumspiel und andere (siehe www.wissenschaft-online.de bzw. spektrumdirekt).

Das Ultimatumspiel

Das Ultimatumspiel ist eine der praktischen Anwendungen der (deskriptiven) Spieltheorie für Wirtschafts- und Verhaltensforschung. In verschiedenen Variationen des Spiels wird untersucht, in welchem Maß der Mensch nur den sich aus dem Spielgegenstand ergebenden Nutzen maximiert und in welchem Maß der Mensch bei seinen Entscheidungen auch andere Interessen mit einbezieht, zum Beispiel die Pflege von Spielregeln, die ihm oder der Gemeinschaft nutzen.

Dieses Spiel beschäftigt Spieltheoretiker bereits seit einem Vierteljahrhundert. Es gibt viele verschiedene Varianten, doch die Grundidee ist einfach:

- Ein Betrag von 1000 Euro soll unter zwei Personen (A und B) aufgeteilt werden.
- Spieler A muss Spieler B ein Angebot machen, wie viel Letzterer erhalten soll.
- Spieler B kann dem Angebot zustimmen oder es ablehnen.
- Wenn Spieler B zustimmt, wird das Geld dem Vorschlag gemäß aufgeteilt.
- Lehnt Spieler B jedoch ab, *so gehen beide leer aus.*
- Spieler A stellt B ein Ultimatum.
- A und B dürfen nicht miteinander kommunizieren, sodass Feilschen unmöglich ist.
- Das Spiel ist nicht wiederholbar.

Das Spiel ist sequenziell, es ist nicht symmetrisch, und die Spieler handeln nicht simultan. Speziell weiß natürlich Spieler B, wenn er am Zug ist, was Spieler A gewählt bzw. vorgeschlagen hat.

Theoretische Lösung: Fehlanzeige; tatsächliches Verhalten: Bingo!

Die *spieltheoretische Lösung* für *rationale* Spieler besteht darin, dass Spieler A nur einen möglichst geringen Teil anbietet, weil er weiß, dass ein *im Sinne der individuellen Nutzenmaximierung rationaler* Spieler B diesen geringen Betrag einer Auszahlung von Null vorziehen und deshalb zustimmen wird. A hat somit seine eigene Auszahlung maximiert.

In *experimentellen Versuchen* verhielten sich jedoch viele Spieler B nicht in diesem Sinne rational, sondern lehnten lieber einen kleinen Gewinn ab, als eine als *unfair empfundene Aufteilung* zu akzeptieren; sie verhielten sich nach dem Motto: «Wenn du zu geizig bist, versalz ich dir die Suppe!»

Angebote unter 30 Prozent der Gesamtsumme werden in der Regel abgelehnt, sodass auch der Anbieter leer ausgeht. Verschiedene Studien zeigen, dass im Durchschnitt der Gesamtbetrag etwa 60 : 40 aufgeteilt wird. Wie ist das zu erklären?

Dass Fairness *von sich aus* Gier schlägt, dürfte eine Illusion (oder eine Ausnahme) sein. Viel plausibler ist es, dass die Unfairen zur Fairness *gezwungen* werden: durch einen drohenden Verlust. In etwa so, wie die Egoisten zur Kooperation (siehe Kapitel 3) gezwungen werden – durch die Aussicht auf weitere Geschäfte. Während das Gefangenendilemma Wiederholungen braucht, um von den Vorzügen der Kooperation zu überzeugen, wird (gefühlsmäßige) Unfairness beim Ultimatumspiel sofort bestraft.

Lieber auf Nummer sicher gehen als Millionär werden?

Ähnlich wie die Dollarauktion, aber in einem gewissen Sinn gegenteilig und jedenfalls plausibler ist folgendes häufiges Entscheidungsphänomen: Vorsichtige Personen lehnen auch dann noch häufig Risiken ab, wenn die mathematische Gewinnerwartung des gesamten Spiels eindeutig positiv ist. Das wird sehr gut ersichtlich bei einer Quizshow wie «Wer wird Millionär?», die Wirtschaftswissenschaftlern als Modell für das Risikoverhalten von Investoren dient.

Etwa zwei Drittel der Kandidaten dieser Quizshow verfahren nach dem Motto «Lieber den Spatz in der Hand als die Taube auf dem Dach» und steigen mit dem bereits erspielten Geld vorzeitig aus dem Quiz aus. Immerhin könnten sie das Erreichte ja verlieren, wenn sie weitermachten, sodass das Quizspiel ab diesem Augenblick nicht ohne Risiko wäre.

Das ist ein Ergebnis, das Roger Hartley von der Universität Manchester zusammen mit zwei Kollegen bei der Auswertung der Daten von 515 Kandidaten der britischen Version der Quizshow gewonnen hat. Des Weiteren bestätigten die Wirtschaftswissenschaftler, dass das Risikoverhalten eines Kandidaten sowohl bei kleinen als auch bei großen Gewinnen mit dem gleichen mathematischen Gesetz in Form einer subjektiven Nutzenfunktion beschrieben werden kann – ganz nach der Theorie, die 1944 von John von Neumann und Oskar Morgenstern aufgestellt wurde.

Aus Untersuchungen wie der von Hartley und Kollegen erhoffen sich die Wissenschaftler Erkenntnisse über viele verschiedenartige Bereiche, in denen menschliches Risikoverhalten eine Rolle spielt. Dazu gehören beispielsweise die Frage nach der Investitionsbereitschaft an der Börse oder der Wunsch nach Sicherheit durch den Abschluss einer Versicherung.

Was ist die Ursache, weshalb Menschen sich beim Ultimatumspiel nicht an die rationale Entscheidungstheorie halten? Für dieses tiefsitzende Gefühl muss es einen Grund geben.

Evolutionstheorie, instinktive Gefühle und Hirnforschung

Nachdem Charles Darwin seine Evolutionstheorie aufgestellt hatte, erkannten Biologen, dass sich auch Gefühle als Form der Intelligenz verstehen lassen, ohne die unsere haarigen Vorfahren in der afrikanischen Savanne wohl kaum überlebt hätten. Gefühle stellen aus dieser Sicht keine Denkfehler, sondern vielmehr «verkörperte Information» dar. Freude etwa teilt uns mit: alles in Ordnung, mehr davon. Angst mahnt zur Vorsicht, macht wachsam gegenüber Gefahren. Ekel veranlasst zu Hygiene und warnt vor verdorbener Nahrung. Viele instinktive Gefühle begleiten uns durch den Alltag wie Schutzengel.

Wie wichtig gerade die negativen Gefühle für unser Überleben sein können, wird deutlich, wenn sie plötzlich gar nicht mehr da sind, etwa aufgrund eines Unfalls oder einer Erkrankung. Ende der 90er Jahre machte der Neurologe Antonio Damasio von der Universität Iowa bahnbrechende Experimente mit Hilfe hirnverletzter Menschen und kam der Funktionalität unserer Gefühle als einer der ersten auf die Spur.

Doch neben den Gefühlen, die uns sozusagen physiologisch-evolutionär mit auf den Weg gegeben wurden, verfügen wir noch über das, was man *Bauchgefühl, Gespür* und *Intuition* nennt. Das lässt sich weniger leicht fassen, weil es mehr ist als ein primitiver Instinkt, sich aber weitgehend aus unbewussten Quellen des Gehirns speist.

Bauchgefühl und Intuition sind also keineswegs mit Irrationalität gleichzusetzen. Der Mensch schöpft offenbar seine Entscheidungen nicht nur aus seinen bewussten Kenntnissen, sondern ebenso sehr aus seinem Unterbewusstsein, das als eine Art Kompilation sowohl seiner Erfahrungen als auch des Produkts der Evolutionslinie aufzufassen ist, die er verkörpert. Schließlich ist nicht nur jede Kreatur, sondern auch jedes «Ich» eingebettet in ein viele Millionen Jahre altes, nach dem Prinzip von Mutation und Selektion sich immer noch entwickelndes *Trägerknäuel von Genen und Memen.* In manchen Situationen dominiert das urzeitliche limbische System alle in der Evolution später entwickelten Systeme des Gehirns, und sein Träger ist nun ein Jäger, der – unbewusst – mit seinem Steinzeitgehirn «denkt»; die Ratio hat in diesem Augenblick nur eine ganz geringe Chance.

Dabei haben Gefühle und Intuitionen immer schon einen schlechten Ruf gehabt und waren geradezu verpönt. Plato hielt Emotionen für eine Art Krankheit. Nur mit dem Verstand, glaubte der griechische Philosoph, ließe sich der «Dämon der Gefühle» zähmen. Auch den Stoikern erschienen Gefühle als lästige Verhinderer des Denkens. Gefühle galten jahrhundertelang als «nicht edel», wie Gerhard Roth, Hirnforscher an der Universität Bremen, sagt, «haben sie doch mit dem Körper, dem Bauch und noch viel unedleren Teilen zu tun». Der Mensch definierte sich über den Verstand. Gefühle kamen bestenfalls als «Luxus» vor. Bis auf den heutigen Tag fallen wir vor der Ratio auf die Knie.

Wenn es darum geht, eine wichtige Wahl zu treffen, dürfen wir keine Emotionen zulassen. Ungestört von Gefühlsvernebelung sollen wir in der Lage sein, besonders klare Analysen anzustellen. Beispiele scheinen dies zu bekräftigen, denn manchmal liegen wir mit unserer Intuition daneben: Jahrhundertelang hat sie uns vorgegaukelt, die Sonne würde sich um die Erde drehen; es bedurfte schon des Verstandes, um dahinterzukommen, wie es sich wirklich verhält.

In vielen anderen Situationen aber ist, wie Versuche zeigen, unser Bauchgefühl dem analytischen Verstand überlegen – zum Beispiel wenn wir bereits Erfahrung auf einem Gebiet haben oder wenn die Situation sehr unübersichtlich ist.

«Der intuitive Geist ist ein heiliges Geschenk und der rationale Geist ein treuer Diener», sagte Albert Einstein und kritisierte: «Wir haben eine Gesellschaft erschaffen, die den Diener ehrt und das Geschenk vergessen hat.» Allmählich aber, so scheint es, weiß man das Geschenk, von dem Einstein sprach, wieder etwas mehr zu würdigen. Den Verstand nun zu verteufeln und die Gefühle kritiklos zu verehren hieße allerdings, in das andere Extrem zu verfallen – was genauso ein Fehler wäre. Verstand und Gefühl haben offenbar beide ihre Stärken.

In verschiedenen Bereichen des Alltags beobachten Wissenschaftler: Mehr Analyse führt nicht unbedingt zu einer besseren Entscheidung. Oft sind die Gefühle schlauer als der Verstand. Wie kann das sein? Woher bezieht unser Bauchgefühl bloß seine Macht? Ist unser Verstand etwa dümmer, als wir dachten? Nicht unbedingt, doch die Kapazität der bewussten Ratio ist schlicht begrenzt.

Das Gehirn ist das reinste Wettbüro

Wahrnehmung geschieht über unsere Sinne, und diese Signale müssen vom Gehirn verarbeitet und interpretiert werden. Der Psychologe Gerd Gigerenzer glaubt, die Evolution der Kognition beruhe auf einem *adaptiven Werkzeugkasten* von Elementarinstinkten, den Faustregeln oder Heuristiken. Ein Großteil des intuitiven Verhaltens, von der Wahrnehmung bis zum Glauben, lasse sich als Kombinationen der Heuristiken beschreiben, die an die Welt, in der wir leben, durch Selektion angepasst sind. Sie helfen uns, die wichtigste Aufgabe der menschlichen Intelligenz zu meistern: die verfügbare Information zu transzendieren – in eine Struktur einzubetten. Gigerenzer: «Ein gutes Wahrnehmungssystem muss die gelieferten Informationen transzendieren; es muss Dinge erfinden. Ihr Gehirn sieht mehr als Ihre Augen. Intelligenz heißt, Wetten und Risiken einzugehen.»

Das Bewusstsein bewältigt, so schätzt man, ungefähr 50 Basiseinheiten von Information (Bits) pro Sekunde. Das Unbewusste dagegen wird sogar mit Millionen von Bits fertig. In jeder Sekunde verarbeiten unsere Sinne mehrere Millionen Bits, nur ein Bruchteil davon jedoch dringt ins Bewusstsein. Um die Wahrnehmung seiner Umwelt zu interpretieren, muss das Gehirn ständig Wetten abschließen (und folglich das Risiko von Irrtümern eingehen); es ist eine komplexe Wettmaschine in Daueraktion.

Der Hirnforscher Gerhard Roth schätzt, dass uns weniger als 0,1 Prozent dessen, was das Gehirn tut, aktuell bewusst wird. Der enorme Rest wird unbewusst erledigt. Das Unbewusste kann somit eine Vielzahl von Informationen gleichzeitig verarbeiten. Das ist ein großer Vorzug, geht aber auch mit einigen Nachteilen einher.

Die bewusste Ratio ähnelt einem Scheinwerferlicht, das einen Punkt im Raum klar beleuchten kann, zum Beispiel das Gesicht eines

Schauspielers. Jedes Detail des Gesichts wird sichtbar. Die Bühne bleibt im Dunkeln. Unser bewusstes Denken ist somit sehr präzise und fokussiert, fixiert sich aber auf Details und verliert schnell das große Ganze aus dem Auge.

Das unbewusste Gespür gleicht dagegen eher einem schwachen Flutlicht, mit dem man nicht jede Feinheit sehen kann. Wie viel ist 6 mal 17? Man könnte die Aufgabe an sein Unbewusstes delegieren, es stundenlang darüber brüten lassen – es käme nie zu einer Lösung. Präzision gehört nicht zu seinen Stärken. Dafür werden die Umrisse der ganzen Bühne sichtbar. Alles wird ein bisschen beleuchtet. Diese Strategie erweist sich gerade in komplexen Situationen als Vorteil. (Vielleicht liegt es auch am übergroßen Anteil unbewusst zu verarbeitender Information, dass die «künstliche Intelligenz» nicht annähernd ihre eigenen Entwicklungsprognosen realisieren konnte.)

Von der kognitiven zur emotionalen Wende

Alle Entscheidungen sind letztlich Gefühlsentscheidungen, sagt Gerhard Roth. Grundlage unserer Motivation sei immer das Gefühl, dazwischen komme eventuell die Ratio ins Spiel. Der Homo oeconomicus, der die Alternativen rein rational abwägt, erweist sich als Fiktion der klassischen Wirtschaftstheorie. Es geht hier weder um die vielbemühte «emotionale Intelligenz» noch um die Wiederentdeckung der «sozialen Kompetenz». Es geht um die vielen hundert großen und kleinen Entscheidungen, die jeder von uns Tag für Tag treffen muss. Es geht um das Wesen des Menschen: ums Denken.

Befand sich die Psychologie in den 80er Jahren noch inmitten einer *kognitiven Wende*, in der sich die Wissenschaftler dem menschlichen Verstand zuwandten, so zeichnet sich inzwischen eine *emotionale Wende* ab. Immer mehr Kognitionsforscher erkennen: Um das menschliche Denken zu verstehen, müssen wir die Emotionen berücksichtigen; und sogar: Wer denken will, muss fühlen. «Hier vollzieht sich auf breiter Front ein vollkommener Blickwechsel», verkündet Roth. «Und es fängt gerade erst richtig an.»

Psychologie der Bauchentscheidungen, Intuition, Faustregeln

Im Prinzip kennen wir uns ganz gut aus, wenn es darum geht, logisch-rationale Entscheidungen zu treffen, und wir können auch unlogische, unrationale Entscheidungen davon unterscheiden und recht zuverlässig entlarven.

Im Alltag entscheiden wir aber oft weder rational noch irrational, sondern – intuitiv. Bereits im 17. Jahrhundert wusste der französische Gelehrte Blaise Pascal: «Le cœur a ses raisons que la raison ne connaît point.» (*Das Herz hat seine Gründe, die der Verstand nicht kennt* – im Französischen ein besonders reizendes Wortspiel, zumal *Grund* und *Vernunft* beide mit *raison* bezeichnet werden.)

Das Wörterbuch sagt über *Intuition*: Eingebung, unmittelbare Anschauung ohne wissenschaftliche Erkenntnis, verwickelte Vorgänge sofort zu erfassen. (Eine gewisse Ähnlichkeit mit Intuition hat der Begriff *Instinkt*: Trieb zu bestimmten Verhaltensweisen bei Mensch und Tier; Naturtrieb; unbewusster Antrieb usw. Während der Instinkt sich mehr auf das Verhalten bezieht, betrifft die Intuition mehr das Wissen; beide arbeiten aber spontan und unbewusst. Es ist jedenfalls plausibel, dass Intuition zumindest teilweise auf dem Instinkt fußt und dass beide ihre Wurzeln in der Evolution haben.)

Wenn Intuition im Wörterbuch als *unmittelbare Anschauung ohne wissenschaftliche Erkenntnis* beschrieben wird, dann kann man fragen, ob dieses Phänomen mit den qualitativen und quantitativen wissenschaftlichen Erkenntnismethoden überhaupt systematisch erforscht werden kann.

Seit einiger Zeit geschieht das tatsächlich, und zwar auf höchstem experimentalwissenschaftlichem Niveau. Trat die große Mehrheit der Sachbücher über Intuition zumeist in nebulöser, mehr oder weniger esoterisch angehauchter Form auf, so hat nun eine klare Darstellung des umfangreichen und komplexen Themas begonnen, die sich von der darwinistischen Evolutionstheorie ableitet und den wichtigsten wissenschaftlichen Prinzipien (Überprüfbarkeit, Messbarkeit, Wiederholbarkeit, Falsifizierbarkeit) Rechnung trägt.

Einer der Leuchttürme dieses Forschungsbereichs ist Gerd Gigerenzer, Professor für Psychologie und Direktor am Max-Planck-Institut für Bildungsforschung in Berlin. Um seinen Forschungsgegenstand in den Medien leicht verständlich auf den Punkt zu bringen, schlüpft Gerd Gigerenzer kurz in die Rolle des Märchenonkels und erzählt die (alte und alltägliche) Geschichte *Der Mann, der zwei Frauen liebte*:

Es war einmal ein Mann, der liebte zwei Frauen und wusste nicht, für welche er sich entscheiden sollte. Die eine liebte er aus ganz anderen Gründen als die zweite – welche sollte er da wählen? Unglücklicherweise wussten die beiden voneinander und ließen dem Mann leider nicht die Wahl, sich nicht entscheiden zu müssen: Entweder die andere oder ich!

In seiner Verzweiflung entschloss er sich, auf einem Blatt Papier die Vor- und Nachteile der beiden aufzulisten. So führte er alle Kriterien auf, die ihm wichtig waren. Er versuchte sich vorzustellen, wie lieb Kandidatin eins ihn auch nach Jahren der Ehe noch behandeln würde im Vergleich zu Kandidatin zwei. Er bewertete das Äußere und überlegte, inwiefern die Frauen im späteren Leben interessante Gesprächspartner für ihn sein würden.

Er gewichtete die Kriterien, gab jedem Element eine Punktzahl, addierte die Werte «Punktzahl mal Gewichtung» über alle Kriterien und verglich die Ergebnisse.

Dann geschah etwas Seltsames. Er sah das Ergebnis und wusste instinktiv: Es ist falsch. Sein Herz hatte – unbewusst! – eine andere Entscheidung getroffen als sein Verstand. Der Mann beschloss, seine Liste zu vergessen, auf sein Gefühl zu hören … und verbrachte viele Jahre glücklich mit der Frau seines Herzens.

Wir treffen alle tagtäglich zahlreiche Entscheidungen intuitiv, aus dem Bauch heraus, scheinbar im Widerspruch zur rationalen Vernunft (wonach es in unserer Wissensgesellschaft als Gütesiegel gilt, alle Informationen zu einem Thema zu berücksichtigen und zu gewichten, um auf dieser Grundlage eine rationale und perfekte, eben «optimale» Entscheidung zu treffen).

Gerd Gigerenzer gehört weltweit zu den renommiertesten Experten für die Psychologie von Entscheidungen, für die Anatomie der Ratio. In seinem Buch *Bauchentscheidungen – Die Intelligenz des Unbewussten und die Macht der Intuition* geht er allgemeinverständlich der Frage nach, woher diese Bauchgefühle oder Intuitionen kommen und welcher spezifischen Logik – in Form von Faustregeln – unsere «unbewusste Intelligenz» folgt: Auf welchen kognitiven, evolutionären und sozialen Faktoren beruhen sie, wie funktionieren sie, und unter welchen Bedingungen sind sie erfolgreich? Denn Intuitionen sind nicht bloß impulsive Launen des Geistes. Ihnen liegen vielmehr unbewusste, einfache Faustregeln zugrunde, die sich die im Zuge der Evolution erworbenen Eigenschaften des menschlichen Gehirns zu eigen machen und auf dem ständigen Austausch mit der Umwelt beruhen. «Begrenzte Rationalität» lautet der Schlüsselbegriff.

Anhand von zahlreichen Experimenten und Beispielen weist Gigerenzer nach, dass Bauchentscheidungen, die nur auf einem einzigen Grund beruhen, nicht nur sehr zeitsparend sind, sondern unter bestimmten Voraussetzungen auch zu besseren Ergebnissen führen als Entscheidungen, die erst nach langem Abwägen aller zur Verfügung stehenden Informationen getroffen werden. Paradox formuliert besteht die Lebenskunst in einer Welt der Informationsüberflutung heute darin, intuitiv zu wissen, was sich nicht zu wissen lohnt: Weniger kann manchmal eben mehr sein. (In etwas extremer Erscheinung tritt der «einzige gute Grund», der alles entscheidet, zum Beispiel im Boxsport immer wieder auf – als *Lucky Punch*, der alle Punktzählungen und -abwägungen der Ringrichter überflüssig macht …)

Beispiele von Situationen, in denen entweder Bauchgefühle und Faustregeln oder rationale Analysen besser angezeigt sind:

1. Regel Nummer eins: Wer bereits Erfahrung auf einem Gebiet hat, kann sich meist auf sein Bauchgefühl verlassen. Ist man dagegen ein blutiger Laie, profitiert man oft davon, sich mehr Zeit zu lassen, sich ausführlicher und bewusst mit der Situation auseinanderzusetzen. Untersuchungen, in denen man die Leistung von Experten mit der von Novizen verglichen hat, untermauern diese Regel. So schlagen Profi-Golfspieler den Ball dann am besten, wenn man ihnen keine Zeit lässt, um über ihren Schlag nachzudenken; bei Anfängern verhält es sich genau umgekehrt.

2. Regel Nummer zwei: Je unübersichtlicher die Situation, desto öfter versagt die Analyse – und die Intuition entwickelt Vorteile. Einen Hinweis erbrachte Gerd Gigerenzer mit einem kühnen Versuch. Er fragte Passanten in München und Chicago anhand einer Liste mit den Namen von Aktienunternehmen, welche davon sie kannten. Dann investierte er 50 000 Euro in jene Firmen, die fast allen geläufig waren. Ein halbes Jahr später hatte sein Portfolio nahezu alle Analysen hochinformierter Investmentanalysten geschlagen. Er hatte nach einer Faustregel gehandelt, die wir oft intuitiv anwenden: Nimm das Bekannte!

Regel Nummer eins ist vielen Menschen geläufig. Aber Regel Nummer zwei ist sehr bemerkenswert. Intuitionen, die auf einfachen Faustregeln beruhen, können genauer sein als komplexe Berechnungen (wie etwa die «multiple Regression»).

Eine einfache Heuristik bei Geldanlagen ist die 1/N-Regel: *Verteile dein Geld gleichmäßig auf N Titel oder Fonds.* Wesentlich komplizierter ist die Bildung des «optimalen Portfolios» nach Harry Markowitz (der 1990 dafür den Nobelpreis für Wirtschaftswissenschaften erhielt). Das optimale Portfolio maximiert die Rendite, wobei das Risiko gleichzeitig einen bestimmten, vorher frei festgelegten Wert

– den man gerade noch akzeptiert – nicht überschreitet. Man müsste nun meinen, Harry Markowitz hätte sein Geld nach dieser seiner
optimalen Strategie angelegt. Einem Kollegen gestand er jedoch, dass
er einfach die 1/N-Regel anwandte.

Begründungen von Ereignissen im Nachhinein sind zwar oft
besser, doch helfen sie meistens nicht zu prognostizieren. Denn das
Leben wird nach vorne gelebt und nach hinten verstanden, sagte ein
kluger Geist, dessen Name mir leider entfallen ist. Gigerenzer: «In
einer ungewissen Welt müssen gute Intuitionen Information außer
Acht lassen.»

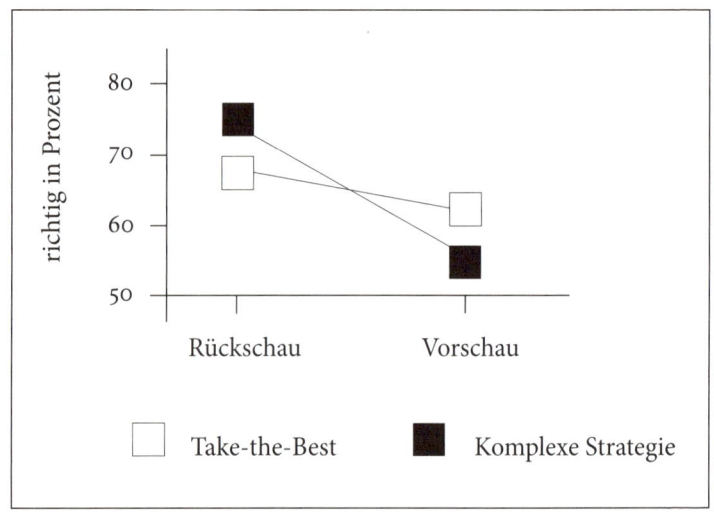

Das ist nicht nur der Pferdefuß bei Analysen und Prognosen von
Investitionen an der Börse, sondern auch bei anderen komplexen
Spielen wie Sportwetten oder ballistischem Roulette. Bei letzterem
Spiel etwa gibt es unzählige Faktoren, die den Ausgang eines Coups
bestimmen; man könnte mühelos ein Dutzend davon auflisten – von
denen aber viele nicht oder nur sehr schwer erfassbar sind. Trotzdem
genügen ganz wenige wichtige Faktoren (höchstens drei) sowie ein

paar statistische Kennzahlen aus vorangegangenen Coups, um eine durchschnittlich positive empirische Gewinnerwartung zu erhalten (siehe Kapitel 4).

Vernunft ade, Intuition über alles? Keineswegs. Vernünftige Erwägungen in den Wind zu schlagen und seinen Gefühlen blind zu folgen, kann selbstverständlich ebenso ins Verderben führen wie Analysewut und Hyperrationalität. Wer sich jedoch ohne starre, künstliche Vorurteile auf seine evolvierten Fähigkeiten besinnt, beweist Geschicklichkeit und hat die besten Chancen, damit recht gut zu fahren.

Die deskriptive und die experimentelle Ökonomie

Kaum ein Gebiet des Gesellschaftslebens ist so direkt und so stark beeinflusst durch die Spieltheorie wie die Wirtschaft. Besonders der Siegeszug des Kapitalismus hat einfachste Prinzipien wie die *Profitmaximierung* und *Angebot und Nachfrage* über alle Maßen zum Motor wirtschaftlicher Entscheidungen gemacht. Darin spiegeln sich meistens auch politische Ideologien wider, die als unausweichliche Naturgesetze regelrecht diktiert, jedoch von großen Teilen der Gesellschaft als unvernünftig oder unzweckmäßig – und manchmal als ungerecht – empfunden werden. Schließlich gibt es unterschiedliche Gesellschaftsgruppen mit eigenen Zielen, sodass die Gesellschaft als Ganzes eine Optimierung bei mehrfacher Zielsetzung anstreben müsste, und zwar demokratisch, ohne ein dominantes Diktat einer einzigen Zielfunktion.

Ganz ohne Profit, Angebot und Nachfrage geht es natürlich auch nicht, das ist schon klar. Es ist unbestreitbar, dass diese Kategorien auch ihren Anteil an der Freiheit und am allgemeinen Wohlstand haben – und dass sie auf bestimmten Ebenen des erfolgreichen menschlichen Handelns sogar notwendig sind. Ob sie allerdings auf *allen* Ebenen notwendig sind, etwa in Form von Kapitalakkumulation, Pri-

○●○

vatisierung von Infrastrukturen und öffentlichen Dienstleistungen, Spekulation auf lebensnotwendige Güter und menschenverachtender Machtausübung, das ist eine ganz andere Geschichte.

Kritische Ökonomen dürften zuerst gemerkt haben, dass der rationale Homo oeconomicus eine reine Fiktion ist, etwa wie ein Axiom der reinen Mathematik. Aber ganz anders als mathematische Theorien sollten ökonomische Theorien wesentliche Bereiche der realen Wirtschaft richtig beschreiben und steuern helfen.

Reinhard Selten, Nobelpreisträger 1994, hat immer wieder auf den Widerspruch zwischen theoretischen Prognosen und experimentellen Resultaten hingewiesen. Er zog daraus den Schluss, dass die Spieltheorie keine positive, deskriptive, sondern eine normative Theorie darstellt: Sie habe weniger damit zu tun, wie sich reale Menschen tatsächlich verhalten, sondern besage lediglich, wie sich rationale Akteure verhalten *sollten*.

Was die reale Wirtschaft betrifft, so sollte der Blick darauf ebenfalls nicht normativ sein, sondern deskriptiv: keine Diktatur einer ideologiebelasteten Soll-Wirtschaft, sondern eine möglichst objektive Beschreibung der Ist-Wirtschaft – mit all ihren Akteuren, die sich und ihre Ansichten mit der Zeit ändern können; und die individuell und demokratisch zum Ausdruck bringen können, welche Rolle sie der Wirtschaft gesellschaftlich beimessen.

Entscheidungen: Wissen Manager, was sie wollen?

Mit Hilfe einer passenden Theorie können Entscheidungen in der Rückschau sehr genau analysiert werden. Und hinterher ist man natürlich immer schlauer. Die Frage ist nur: Gelingt es auch umgekehrt? Können Manager die Spieltheorie einsetzen, um besser zu entscheiden?

Managern nutzt vor allem das der Theorie zugrundeliegende Denkmuster. Heute brauchen sie Werkzeuge, um die Komplexität der Probleme zu reduzieren. So entwickeln Wissenschaftler zunehmend Anreizsysteme, Verhandlungsszenarien und optimieren Abläufe in

Unternehmen wie Banken und Versicherungen. Für diese Aufträge nutzen sie die Spieltheorie als Instrument, um Probleme zu strukturieren. In einer spieltheoretischen Analyse geht es darum, herauszufinden, welche Mechanismen einem Problem zugrunde liegen. Wer mischt mit?

Wie wir schon an verschiedenen Stellen gesehen haben, bietet die Spieltheorie keinesfalls pauschal Lösungen für alle möglichen Situationen. Aber sie ist ein Werkzeug, um Entscheidern klarzumachen, was sie eigentlich erreichen wollen. Denn oft genug kommt es vor, dass Manager genau das nicht wirklich wissen: Ziele werden verschleiert, verbergen sich hinter internen Machtkämpfen, Budgetstreitigkeiten und anderen Interessen. Für Forscher geht es darum, sich permanent in die Lage der anderen zu versetzen – und sei es nur, um die völlig andere Wahrnehmung der Akteure (Kollegen, Kunden, Lieferanten, Wettbewerber) zu verstehen.

Es geht auch darum, dass die Spieltheorie hilft, sich der eigenen Stärken bewusst zu werden. Über Jahrzehnte sind in Firmen oft kooperative Netzwerke entstanden, aber die Manager sind sich dessen nicht immer bewusst; und folglich auch nicht des Potenzials, das eine Fülle von möglichen Formen der Zusammenarbeit enthält.

Eingeschränkte Rationalität allenthalben

«Entscheidungen werden nicht gemacht», sagt Selten, «sie quellen auf.» Dabei spiele Rationalität nur eine begrenzte Rolle, sei nur einer von mehreren «Beratern». Wie komplex der Prozess in Wirklichkeit sei, zeige sich, wenn man über sich selbst nachdenke. Selten: «Wir können die eigene Entscheidung nicht voll verstehen und nicht ganz kontrollieren.» Dafür sprächen auch die Ergebnisse von Experimenten: In Unkenntnis der wahren Gründe versuchten Menschen oft, ihr Verhalten im Nachhinein rational zu erklären. Offenbar wollten oder konnten sie nicht einsehen, dass auch sie nur eingeschränkt rational seien.

Die Konsequenz des Professors: Im Labor seiner Fakultät lässt er

Verhalten bei «eingeschränkter Rationalität» untersuchen. Studenten dürfen dort spielen – für Geld und ganz im Sinne der Forschung. Selten: «Was jetzt beginnt, ist die Abwendung vom übertriebenen Bild des *Homo oeconomicus*, der voll rational ist in dem Sinne, dass er über unbegrenzte Denk- und Rechenmöglichkeiten verfügt. Die Spieltheorie muss modifiziert werden von der idealen normativen hin zur realistischen deskriptiven Spieltheorie, wobei die vollrationale Spieltheorie sozusagen als philosophische Disziplin weiterleben wird.» Dies ist das Eingeständnis, dass volle gegenüber eingeschränkter Rationalität bislang ähnlich überbewertet wurde wie früher die Null- und Konstantsummenspiele gegenüber anderen, wichtigeren Spielen.

Es ist meistens nicht klar, worauf die Abweichungen der experimentellen Resultate von den theoretischen Prognosen genau beruhen. Ständig funken scheinbar irrationale Verhaltensweisen dazwischen. Gier, Neid, Belehrungswille, Fairnessgedanken bringen Menschen dazu, sich anders zu verhalten. Empirisch haben Experimentalökonomen das nachgewiesen. *Wie* welche Entscheidungen aufgrund welcher Kriterien aus welchen Ebenen unseres Weltbildes zustande kommen – diese realen Mechanismen liegen im Unbewussten und dürften nicht weniger komplex sein als das Leben selbst.

Stellt das nicht auch die Optimierungs- mitsamt der Nutzentheorie in Frage? Immerhin bilden sie das Fundament der gesamten neoklassischen Theorie vom Verhalten und Zusammenspiel der Menschen auf Märkten und in Organisationen. Reinhard Selten verlässt diesen neoklassischen Pfad. Er hält Abweichungen von der Rationalität nicht für zufällig oder abnorm, sondern für die Regel. So ist die Experimentalökonomie sein bevorzugtes Forschungsfeld geworden. Aus Laborresultaten versucht Selten, tatsächliche Handlungsmuster abzuleiten. Seine und die Ergebnisse anderer Experimentalökonomen lassen vom Bild des rational Entscheidenden kaum etwas übrig. Manchmal zeigt sich sogar, dass die Menschen selbst die schlichtesten Annahmen der neoklassischen Ökonomen nicht erfüllen wollen.

Auktionsregeln: kleine Änderungen, große Auswirkungen

Einer der Stars der ökonomisch orientierten Spieltheorie ist Axel Ockenfels, Schüler von Reinhard Selten und Professor an der Universität Köln. Ockenfels nennt die Spieltheorie eine «Theorie der strategischen Anreize» – und benutzt sie als Werkzeug, um Probleme zu strukturieren und Zielkonflikte besser erkennen zu können. Etwa wenn er die Regeln von Energiemärkten, auf denen zum Beispiel Stromerzeugungskapazitäten gehandelt werden, so anpasst, dass der Zweck – nämlich Nachfrage und Angebot optimal zu kombinieren – so gut wie möglich erfüllt wird. Denn auch hier versuchen Käufer und Verkäufer, durch strategisches Bietverhalten ihren eigenen Profit zu maximieren.

Was das bedeuten kann, zeigen Ockenfels' Untersuchungen zum Auktionshaus eBay. Die Regeln hier sind vergleichsweise simpel: Eine Auktion beginnt, jeder kann schrittweise bieten oder ein Maximalgebot abgeben. Dann überbietet der Computer automatisch die Mitbieter, bis das Maximalgebot erreicht ist. Und einige Tage später endet die Auktion zu einem bestimmten Zeitpunkt.

In der Praxis bieten sehr viele Interessenten in der letzten Minute vor Auktionsende. Manche wollen sich nicht frühzeitig als Bieter zu erkennen geben, weil das den Preis treiben würde. Manche fürchten, durch ihr Gebot einen Bietwettstreit in Gang zu setzen – der auch zu einem höheren Preis führen würde. Andere fürchten, sich selbst zu einem höheren Gebot verleiten zu lassen, als sie ursprünglich geplant hatten.

Die Entscheidung vieler Interessenten, erst in der letzten Minute zu bieten, kann auch höhere Preise verhindern. Als der private V W Golf des zum Papst gewählten Kardinals Ratzinger zur Versteigerung stand, verfolgten über acht Millionen Neugierige das Bieten am Computer. Einige Bieter kamen deshalb mit ihrem Gebot nicht mehr zum Zug. Die eBay-Rechner waren überlastet.

Mit einem kleinen Kniff ließe sich so etwas verhindern: Der Internethändler Amazon zum Beispiel verlängert auf seiner Seite das

Auktionsende um zehn Minuten, sobald ein Gebot abgegeben wird. Damit fallen die strategischen Gründe für spätes Bieten weg, und tatsächlich beobachtet man kaum späte Gebote. In solchen Fällen können die am Ende erzielten Preise höher sein. Die entscheidende Erkenntnis, die Ockenfels aus Laborversuchen mit Auktionsregeln zog, ist: *Schon sehr kleine Änderungen der Regeln können sich fundamental auf die Entscheidungen der Teilnehmer auswirken.*

Kooperation ist Trumpf – Konkurrenz bleibt bestehen

Axel Ockenfels fuhr vor allem fort, die Theorie des Homo oeconomicus zu widerlegen. *Equity, Reciprocity* und *Competition* sind die zentralen Begriffe seiner Arbeiten. Nach seiner Theorie streben Menschen nicht nur nach maximalem Gewinn, sondern auch nach einer relativ guten Position in der Gesellschaft. Und um die zu erreichen, geht Fairness manchmal vor. Auch andere, unbewusste Motive können das große Reservoir der begrenzten Rationalität beleben.

Weitere Ökonomen forschen experimentell auf anderen Teilgebieten der Wirtschaftswissenschaft. Ernst Fehr von der Universität Zürich zum Beispiel experimentiert in großem Stil auf dem Gebiet des Arbeitsmarkts.

Wissenschaftler aus anderen Fachgebieten stützen die Ergebnisse der Ökonomen: Die Forschungsgruppe Neuroökonomie von der Universität Münster untersucht die neuronalen Vorgänge, die im Gehirn stattfinden, während Menschen sich entscheiden. So fand die Gruppe heraus, dass die Emotionen, die Menschen mit Produktmarken verbinden, die Kaufentscheidung unbewusst beeinflussen – ohne dass sie etwas dagegen tun können. Gefühle dieser Art beeinflussen die meisten unserer Entscheidungen – wie wir im letzten Hauptabschnitt (Psychologie der Bauchentscheidungen …) schon erfahren haben. Manager wurden berühmt durch ihre Behauptung, aus dem Bauch heraus zu entscheiden. Dieses Bauchgefühl lässt sich aber trainieren; Voraussetzung hierfür sind Erfahrungen.

Hirnforscher sprechen von somatischen Markern im Hirn, die in kritischen Situationen Erfahrungen blitzschnell in Erinnerung rufen. Wer also schon viele Entscheidungssituationen gemeistert hat, wird durch sein Bauchgefühl richtig beraten. Darum lohnt es sich auch, sich in die strategischen Modelle der Spieltheorie zu vertiefen.

Wer ein neues Auto kauft, kennt die Erfahrung: Plötzlich scheinen besonders viele Autos des gewählten Typs unterwegs zu sein. Ähnlich verhält es sich mit den strategischen Mustern, die bei der spielerischen Auseinandersetzung mit Entscheidungsmodellen existieren. Auch sie fallen plötzlich auf – und öffnen den Blick für andere Entscheidungen.

Doch ganz einfach ist das nicht. Es gibt mehrere Dutzend Basisprobleme, wie zum Beispiel das Gefangenendilemma und das Ultimatumspiel zeigen, und alle lassen sich beliebig komplex miteinander verbinden. Zu tief braucht man sich aber nicht in die möglichen Reaktionen von Kontrahenten hineinzudenken. Denn «die meisten Menschen denken nicht über zwei oder drei Spielzüge hinaus» sagt Ockenfels. Wozu auch? Erstens sprengt die Zahl der Möglichkeiten oft das Vorstellungsvermögen; und zweitens müssen die Entscheidungen meistens sequenziell gefällt werden, nach und nach, sodass man sein Denkvermögen nicht mit zahllosen Alternativen lähmen muss.

Um mehr über begrenzt rationales Verhalten in Entscheidungssituationen zu lernen, forscht Ockenfels mit dem Nobelpreisträger Reinhard Selten nun an einem Alternativentwurf zum Homo oeconomicus: «Wir suchen völlig neue Konzepte. Wir wollen zum Beispiel herausfinden, wie Verhalten durch Impulse wie Feedback gesteuert wird.» Mathematische Modelle, die den Fairnessgedanken enthalten, hat Ockenfels mit seinen Kollegen schon entwickelt. «In vielen Entscheidungssituationen funktionieren diese Modelle viel besser als die klassische Spieltheorie.»

Auf lange Sicht scheint sich die Schlussfolgerung aus den neuen spieltheoretischen Modellen auch in der Praxis durchzusetzen: Zusammenarbeit der Beteiligten wird zum Alltag. Ob es dabei um die Entwicklung neuer Produkte geht oder das Erschließen neuer

Märkte – kooperative Modelle gewinnen in unserer globalisierten und extrem vernetzten Welt eine immer größere Bedeutung. Manche Spieltheoretiker beschreiben das wie folgt: Beim Backen des Kuchens arbeiten alle zusammen. Beim Verteilen werden die Messer gewetzt.

KAPITEL 6

Spiele um Regelfindung; Macht, Dogmen, Asymmetrien

Spiele, deren Regeln klar und eindeutig feststehen, sind ebenso wie symmetrische Spiele in der Wirklichkeit die Ausnahme. In ihr kommen hauptsächlich Spiele mit unvollständigen Regeln vor, die zudem noch asymmetrisch sind. Es sind solche Spiele, deren Ausgang auf die individuellen Schicksale und, langfristig, das Schicksal der Menschheit am meisten Einfluss haben, wahrhaft mörderische Spiele. Die Motive der Aktionen bei diesen Spielen werden am besten durch das Zitat von Napoleon zu Beginn des zweiten Kreises beschrieben: Eigennutz und Furcht …

Es geht im Wesentlichen um Machtspiele: kriegerische Spiele, Überlebens-, Verteilungs- sowie Glaubensspiele zwischen Populationsgruppen und Verhandlungsspiele zwischen Menschen in Gesellschaften und zwischen Nationen und Kontinenten. Und es sind Verhaltensspiele gegen die Natur sowie die Antworten der Natur darauf. Diese Perspektive bestimmt das grobe Bild von dem vorwiegend leider negativen Zustand der Welt, das sich uns aufdrängt (und von dem ich nur ein paar wenige grundlegende Aspekte aufzeige).

Da der Titel dieses Buches *Die Welt als Spiel* lautet, kann ich ja praktisch Gott und die Welt thematisieren, ohne allzu falsch zu liegen… Doch es geht mir nicht darum, *beliebige* konkrete Beispiele als Zeugnisse irgendwelcher oder auch nur meiner Meinungen anzuführen. Um konkrete Beispiele sinnvoll zu verallgemeinern, braucht es tragende Strukturen; und diese (bzw. ihren jeweiligen Kern) werde ich mich bemühen, sichtbar zu machen. Ich werde auch versuchen, fair zu sein: mich an Tatsachen zu halten, keinen Menschen persönlich zu beleidigen – auch wenn er Menschenrechte verletzt oder Meinungen äußert, die meinen Verstand oder mein Gefühl beleidigen.

Allerdings bin ich auf den meisten Gebieten kein Experte, sondern ein neugieriger Zaungast, der gerne nachdenkt – und folglich irren kann (wie auch jeder Experte, sogar auf seinem Gebiet). Zur Wahrheitsfindung orientiere ich mich als Zaungast an Menschen, deren Denkprinzipien aus Überzeugung auch die meinen sind und deren Argumente mir plausibel erscheinen.

Denkprinzipien

Es geht um die Denkprinzipien der Vernunft, des gesunden Menschenverstandes, der wissenschaftlichen Methodik. Die *begrenzte Rationalität* des Kapitels 5 ist in ihrem Kern letztlich Rationalität schlechthin, wenn man die unbewussten Inhalte einbezieht, die uns die Erfahrung und die Evolution mitgegeben haben. Und selbst die Metaphysik ist keine Insel, die außerhalb der Rationalität angesiedelt wäre: Der Philosoph Karl Popper betont in *Objektive Erkenntnis – Ein evolutionärer Entwurf* die Möglichkeit rationaler Behandlung auch metaphysischer Fragestellungen.

Logik, Ratio und Naturwissenschaft
Sowohl in unserer realen Makrowelt als auch in unseren Fiktionen und Deutungen nimmt die Logik einen grundlegenden und entscheidenden Platz ein. Ratio ist das einzige Instrument objektiver Erkenntnis, der Naturwissenschaft in erster Linie folgt.

Naturwissenschaft beschreibt die Welt auf nachprüfbare Weise. Absolute und endgültige Wahrheiten gibt es für sie nicht. Sie thematisiert die Grenzen ihrer Erkenntnis gleich mit und hinterfragt sie. Und sie ist souverän genug, bestehende Erkenntnisse über Bord zu werfen, zu falsifizieren, wenn sie neue Erkenntnisse hat, die besser oder umfangreicher sind.

Manchmal ist eine Aussage nicht sofort oder auch prinzipiell nicht beweisbar oder entscheidbar. Doch naturwissenschaftliche Forschung lebt gerade von dem, was wir nicht wissen – wie wir von den Anwendungen ihrer Erkenntnisse leben.

Ockhams Rasiermesser

Ockhams Rasiermesser steht heute für das *Sparsamkeitsprinzip* in der Wissenschaft. Es besagt, dass von mehreren Theorien, die den gleichen Sachverhalt erklären, die einfachste zu bevorzugen ist.

Diese Regel wurde zwar nach Wilhelm von Ockham (1285–1349) benannt, die Idee selbst ist jedoch sehr viel älter und reicht zurück bis Aristoteles. Ockham selbst hat nie ausdrücklich ein solches Prinzip ausformuliert, sondern es eher implizit in seinen Schriften gebraucht. Die Bezeichnung *Ockhams Rasiermesser* für das Sparsamkeitsprinzip taucht spätestens in der lateinischsprachigen philosophischen Literatur des 16. Jahrhunderts auf. Im 19. Jahrhundert ist der Ausdruck bei dem Mathematiker William Rowan Hamilton und in der unter anderem von John Stuart Mill geführten Diskussion um dessen Wissenschaftstheorie schon ein fester und geläufiger Begriff.

Die bekannteste Formulierung besagt, dass «Entitäten nicht über das Notwendige hinaus vermehrt werden dürfen» (lateinisch: *Entia non sunt multiplicanda praeter necessitatem*). Vereinfacht ausgedrückt bedeutet das:

- Von mehreren Theorien, die die gleichen Sachverhalte erklären, ist die einfachste allen anderen vorzuziehen.
- Eine Theorie ist im Aufbau der inneren Zusammenhänge möglichst einfach zu gestalten.

Ockhams Sparsamkeitsprinzip fordert, dass man in Hypothesen nicht mehr Annahmen einführt, als tatsächlich benötigt werden, um einen bestimmten Sachverhalt zu beschreiben und empirisch nachprüfbare Voraussagen zu treffen. Hypothesen mit wenigen Annahmen sind einfacher zu falsifizieren als komplexere Hypothesen.

Der Ausdruck «Rasiermesser» (auch «Skalpell» wird gebraucht) ist als Metapher zu verstehen: Die einfachste Erklärung ist vorzuziehen, alle anderen Theorien werden wie mit einem Rasiermesser wegrasiert. Ockhams Rasiermesser ist heute ein Grundprinzip der wissenschaftlichen Methodik.

Auch Albert Einstein formulierte dieses Prinzip sinngemäß wie folgt: *Sag es möglichst einfach, aber nicht einfacher*.

Glaube, Evidenz und Kohärenz

Es ist das Privileg des Menschen, auch den größten Unsinn zu glauben. Was ein Mensch glaubt, ist seine Privatsache, und sein Recht auf Meinungsäußerung ist in Demokratien auch garantiert. Was Menschen öffentlich sagen, darf diskutiert, hinterfragt und kritisiert werden – auch wenn es sich um die Überzeugungen einer großen Gruppe wie einer religiösen Gemeinschaft handelt.

Es wird fast immer ein Unterschied gemacht zwischen verschiedenen Glaubensinhalten, zum Beispiel über Aussagen wie

1. *Ich glaube, dass heute Mittwoch ist.*
2. *Ich glaube, dass die Evolutionstheorie Darwins richtig ist.*
3. *Ich glaube, dass es einen allmächtigen Gott gibt.*

Alle diese Glaubensinhalte sind von Menschen geschaffene Konventionen, Gehirnkonstruktionen bzw. Interpretationen, an deren Anfang Wahrnehmungen oder andere Glaubensinhalte stehen, und es gibt keinen Grund dafür, den Glaubensinhalten unterschiedliche «innere» Qualitäten zuzuordnen. Jeder geäußerte Glaubensinhalt muss sich danach beurteilen lassen, ob er etwas Evidentes, Kohärentes über die Welt, in der wir leben, aussagt oder nicht. Die Argumente, weshalb etwas geglaubt wird, müssen nicht einmal bewiesen oder beweisbar sein. Aber hinterfragbar und korrigierbar. Selbst und gerade psychologisch motivierte Argumente sollten kohärent sein. Und man darf sogar weiter gehen: Was man ohne Evidenz glaubt, kann auch ohne Evidenz wieder verworfen werden.

Bei manchen Glaubensinhalten gehört Mut dazu, und Mut ist der Einsatz bei diesem Spiel, in dem der Verstand die Inkohärenz von Glaubensinhalten bekämpft. Auch wenn er manchmal unbequem zu befolgen ist, hat uns der Philosoph Immanuel Kant den guten Rat gegeben: «*Sapere aude!* Habe Mut, dich deines eigenen Verstandes zu bedienen!»

Religiöse Dogmen

Von jeher haben Religionen den Menschen Glaubens- und Lebensregeln diktiert – Spielregeln für ihr Leben, die als Prinzipien ihres Verhaltens zu gelten hatten, Lebens- und Entscheidungsregeln mit ethischem, moralischem Anspruch. Doch muss die Frage erlaubt sein, ob religiöse Dogmen und das Verhalten ihrer professionellen Vertreter diesem Anspruch genügt haben und genügen und wie diese Regeln im Lichte der beschriebenen rationalen Denkprinzipien zu bewerten sind.

Das Christentum schöpft seine Glaubenssätze aus der Bibel. Diese Anthologie ist ein Sammelsurium «zusammenhangloser Schriften, die von hunderten anonymer Autoren, Herausgebern und Kopisten verfasst, umgearbeitet, übersetzt, verfälscht und ‹verbessert› wurden, von Personen, die wir nicht kennen, die sich meist auch untereinander nicht kannten und deren Lebenszeiten sich über neun Jahrhunderte erstrecken» (Richard Dawkins, *Der Gotteswahn*).

Das Alte Testament verkündet einen grausamen Rächergott, ewiges Höllenfeuer und strotzt vor Gräueltaten und Morden an Unschuldigen, die zum Teil schlimmer sind als der Inhalt der extremsten Gewaltvideos von heute. Fast jede Abweichung vom Diktat der Zehn Gebote wird mit dem Tode bestraft, so auch der Glaube an andere Götter («Götzen»), das Arbeiten am Sabbat oder der Ehebruch. (Hielten sich die Religionen an ihre heiligen Schriften, so wäre das Problem der Überbevölkerung in unserem globalen Dorf schon gelöst – ein zynischer Satz, ich weiß, aber angesichts der Unmenschlichkeit der Dogmen verständlich und verzeihbar, hoffe ich.)

Immerhin ist das Neue Testament im Vergleich mit dem Alten ein Fortschritt. Doch auch hier gibt es unmenschliche Diktate. So forderte Jesus seine Jünger auf, ihre Familien zu verstoßen, um ihm nachzufolgen: «Wenn jemand zu mir kommt und hasst nicht seinen Vater, Mutter, Frau, Kinder, Brüder, Schwestern und dazu sich selbst, der kann nicht mein Jünger sein» (Lukas 14,26). Das haben immer auch schon Sekten verlangt, damit sie wirksamer indoktrinieren können. Diktatur des Glaubens, Glaubensnähe als Herrschaftsinstrument: Kann so etwas als unfehlbare oder zumindest empfehlenswerte Quelle für Ethik und Lebensregeln taugen?

Woher sie auch kommen mag, aus der Bibel kommt die Ethik nicht

Immanuel Kant bemühte sich darum, Ethik und Moral aus nichtreligiösen Quellen abzuleiten. Sein berühmter kategorischer Imperativ zeugt davon: «Handle so, dass die Maxime deines Willens jederzeit zugleich als Prinzip einer allgemeinen Gesetzgebung gelten könne.»

Bertrand Russell, Pazifist, Logiker, Philosoph, Literatur-Nobelpreisträger: «Betrachten wir die lange Geschichte der Handlungen, die von moralischer Leidenschaft inspiriert waren: Menschenopfer, Ketzerverfolgungen, Hexenjagden, Pogrome [...]. Sind diese Abscheulichkeiten und die ethischen Lehren, von denen sie veranlasst werden, wirklich Beweise für einen intelligenten Schöpfer? Und können wir wirklich wünschen, dass die Menschen, die sie verübt haben, ewig leben? Die Welt, in der wir leben, lässt sich als Ergebnis von Chaos und Zufall verstehen; wenn sie jedoch das Ergebnis einer Absicht ist, muss es die Absicht eines Teufels gewesen sein. Ich meinerseits halte den Zufall für eine weniger peinliche und zugleich plausiblere Erklärung.» Und über unsere Wertvorstellungen von Gut und Böse: «Es hat sich … herausgestellt, dass die Natur, soweit wir das feststellen konnten, unseren Werten gegenüber gleichgültig ist und dass man sie nur verstehen kann, wenn man unsere Vorstellungen von Gut und Böse außer Acht lässt.»

Steven Weinberg, Physik-Nobelpreisträger: «Religion ist eine Beleidigung für die Menschenwürde. Mit ihr oder ohne sie gibt es gute Menschen, die gute Dinge tun, und böse Menschen, die böse Dinge tun. Aber damit gute Menschen böse Dinge tun, braucht es die Religion.»

Und Franz Buggle, Entwicklungspsychologe, Psychopathologe, Religionskritiker (seit 1974 Lehrstuhl für Klinische und Entwicklungspsychologie an der Universität Freiburg i. Br.), sagt: «… ich demonstriere durch Zitate, dass die Bibel, unsere ‹Heilige Schrift›, ‹Gottes Wort›, ein zutiefst gewalttätig-inhumanes Buch ist, völlig ungeeignet als Grundlage einer heute verantwortbaren Ethik …»

Auch Albert Einstein hat es immer wieder in den verschiedensten Formulierungen geäußert: Eine Furcht-Religion mit einem persönlichen Gott, der bestraft und belohnt, das sei etwas für einfache Leute, und dogmatische Glaubensinhalte seien nur ein ernstzunehmendes Thema für die Geschichte und die Psychologie. Und über Ethik schreibt Einstein *(Mein Weltbild)*: «Das ethische Verhalten des Menschen ist wirksam auf Mitgefühl, Erziehung und soziale Bindung zu gründen und bedarf keiner religiösen Grundlage.» In diesen Aufsätzen definiert Einstein auch die «kosmische Religiosität» des Naturforschers und «das Moralische», das «ihm keine göttliche, sondern eine rein menschliche Angelegenheit» ist.

Dass es etwa eine Milliarde Christen auf der Welt gibt, ist kein Argument für die inhaltliche Berechtigung der christlichen Dogmen. Das gilt auch für die anderen Religionen. Schließlich gab es ja auch eine Zeit, in der in fast alle Menschen glaubten, die Erde sei eine Scheibe oder das Zentrum des Weltalls.

Die historische Macht der Religion über Menschenmassen findet in der Symbiose zwischen Herrscher und Kirche eine ganz natürliche Erklärung. Napoleon sagte: «Religion eignet sich hervorragend dazu, einfache Leute ruhigzustellen.» Und Seneca der Jüngere meinte: «Religion gilt dem gemeinen Mann als wahr, dem Weisen als falsch und dem Herrscher als nützlich.» Da die Herrscher mit ihren Armeen fast stets stärker waren als die Kirche – ein asymmetrisches Spiel –, wurde Letztere oft genötigt, die Massen ruhigzustellen – was sie zum Überleben *(Staatsräson)* mit Hilfe ihrer Furchtreligion auch tat. Manche Herrscher andererseits vermochten es, selbst die Rolle des Religionsstifters oder -führers einzunehmen, in Form der einen oder anderen «politischen Religion».

Doch kommen wir zurück zur Bibel und zu Jesus Christus, zu den Grundlagen des Christentums. Die Bibel ist nicht nur ein heterogenes Sammelsurium von Schriften verschiedenster Quellen aus verschiedenen Jahrhunderten, wie einleitend beschrieben, sogar die historische Existenz Jesu ist völlig unbewiesen. «Es gibt kein zeitgenössisches Dokument, keinen archäologischen Beweis, nichts, woraus man heute auf ein Dasein schließen könnte, das am Wendepunkt der Zeiten eine Welt abgeschafft und einer anderen Welt den Namen gegeben hätte» (Michel Onfray, Philosoph).

Gottgläubige sind nicht zwangsläufig Wahnsinnige; Fundamentalisten schon

In einer Talk-Show des Senders Phoenix am 31. 10. 2007 zum Thema *Auf der Suche nach dem Sinn – Die Renaissance der Religion?* fand auch eine Diskussion über Richard Dawkins' Bestseller *Der Gotteswahn* statt. Der sympathische Peter Hahne, ZDF-Moderator und evangelischer Theologe, empörte sich: *Die Kirchgänger sind doch keine Wahnsinnigen!* Und bemerkte, als die Rede zufällig auf Albert Einstein kam: *Einstein war ein tiefreligiöser Mensch …*

Seine erste Bemerkung ist ein Missverständnis, eine unzulässige Verallgemeinerung von Dawkins' Buchtitel auf alle Kirchgänger und

Gläubigen, und die zweite Behauptung beruht auf einer einseitigen Vereinnahmung des Adjektivs «religiös» durch die Theologie. Einsteins Religiosität war eine kosmische, die einen persönlichen Gott ausdrücklich in Abrede stellt. Aus seinen Äußerungen konnte ich jedenfalls nur den Schluss ziehen, dass Peter Hahne weder Dawkins noch Einstein wirklich gelesen hatte.

Selbstverständlich haben Gottgläubige nicht zwangsläufig einen Wahn. Die meisten von ihnen sind einfach in der entsprechenden Kultur geboren und aufgewachsen, haben eine entsprechende Familientradition oder eine emotionale Bindung und haben sich nie wirklich oder intensiv mit den Glaubensinhalten des Kulturkreises, dem sie angehören, befasst. Der Großteil der Katholiken dürfte Dinge wie Unbefleckte Empfängnis, Auferstehung, Himmelfahrt eher nicht als tatsächliche Ereignisse verstehen. Die tatsächlichen Glaubensinhalte der Mehrheit heutiger Christen haben immer weniger mit den eigentlichen Dogmen der Religion und mit der Kirchenlehre zu tun, sie bilden vielmehr eine Art «Religion *light*». Eine Vielfalt gemischter, kombinatorischer Glaubensformen, wie etwa der Glaube an ein Christentum mit buddhistischem Unter- oder Überbau, greift um sich. Glaubensinhalte sind Privatsache, und die meisten Christen fassen die biblischen Texte eher symbolisch, allegorisch auf, als Metapher, keinesfalls mehr nach dem genauen Wortlaut der Bibel (sonst müssten sie ja laufend gegen die weltlichen Gesetze verstoßen). Es gab Zeiten, da wurden dieser Art Gläubige (und auch Andersgläubige) von der Kirche als Ungläubige verfolgt, gefoltert und sogar ermordet. Heute zählt sie die Kirche zu ihren Schäfchen – sofern sie nicht austreten. Die gewöhnlichen Gläubigen werden immer weniger, die Konfessionslosen immer mehr. (Unter den Konfessionslosen sind nicht nur Atheisten und Agnostiker, sondern auch gewohnheitsmäßige Gläubige, die einfach keine Kirchensteuer mehr zahlen wollen. Doch wenn ihnen das ihr Glaube nicht wert ist, dann ist er ihnen wohl auch nicht so wichtig; insofern sagen die Kirchenaustritte sehr wohl etwas über den Rückgang des dogmatischen Glaubens aus.)

Trotz dieses Rückgangs spricht man allerorts von der *Renaissance der Religion*. Woher kommt das?

Es gibt immer mehr Menschen, vor allem in den USA, die sich in christlichen Sekten organisieren und gegen die Aushöhlung des wahren biblischen Glaubens, gegen die «Religion light» kämpfen. Fanatisch und militant. Es sind die «Kreationisten», christliche Fundamentalisten, die die Bibel und ihre Schöpfungsgeschichte beim Wort nehmen und glauben, dass die Welt und das menschliche Leben das «intelligente Design» eines übernatürlichen, bewusst auf ein Ziel hinwirkenden geistigen Wesens ist. Eine Theorie allerdings, die alles erklärt, erklärt nichts; somit ist sie nicht rational. Bertrand Russell: «Das Universum hat vielleicht einen Zweck, aber unser Wissen erlaubt uns nicht die geringste Vermutung, dass dieser Zweck irgendeine Ähnlichkeit mit unseren Zwecken hat.» Die Naturwissenschaften maßen sich nicht an, zu wissen, woher das Universum und seine Gesetze kommen.

Kreationisten lehnen naturwissenschaftliche Erkenntnisse ab (zum Beispiel betreiben sie die Abschaffung der Evolutionstheorie Darwins – die die Entwicklung des Lebens als Teil eines ziellosen Prozesses deutet, nicht als Ergebnis eines intelligenten Plans), und sie wollen ihre eigenen Glaubensinhalte in den Schulen unterrichtet wissen.

Die Übergänge von der Frömmigkeit zum doktrinären Fundamentalismus und weiter zum Fanatismus sind fließend. Gottesstaat statt Demokratie, biblisches Gesetz statt Grundgesetz, und der heilige Krieg grüßt von fern. Im dritten Kapitel haben wir gesehen, dass Toleranz gegenüber Fanatikern nicht angebracht ist, weil sie das Prinzip der Gegenseitigkeit zerstören würde.

Religiöse Anschauungen, gleich, welcher Couleur, entziehen sich der Überprüfbarkeit, und wo sie es nicht tun, sind sie widerlegt. Ihr Anliegen ist auch gar nicht die Erklärung und Begreifbarkeit der Welt, sondern etwas, das es nicht gibt: endgültige Wahrheit; Erkenntnisgrenzen sind nicht vorgesehen.

Der Kreationismus ist ein Beispiel für die wachsende Impertinenz dogmatisch-religiöser Menschen und Organisationen, ihre Anschauungen zur Richtschnur staatlichen Handelns zu machen. Doch nicht nur Politik, sondern auch Schulpolitik sollte der Ratio folgen. (Die Existenz einer Reihe von Elite-Universitäten in den USA sollte den Blick für das kägliche Bildungsniveau weiter Kreise der Bevölkerung nicht verstellen.)

Müssen die historischen Verbrechen der Kirche nicht relativiert werden?

Nein, müssen sie nicht und sollen sie auch nicht. Einerseits sind einige hundert oder tausend Jahre nur ein Wimpernschlag in der Evolution, ein Zeitraum, in dem sich der Homo sapiens kaum geändert hat. Andererseits dürfen wir auch die Verbrechen der «politischen Religionen» (mit den messiasähnlichen Exponenten Adolf Hitler, Josef Stalin, Mao Tse-tung und anderen) nicht relativieren – genauso wenig, wie wir Feudalherrschaft, Sklaverei, Kolonialismus und die heutigen Formen des Machtmissbrauchs durch «Die neuen Herrscher der Welt» (Jean Ziegler) relativieren dürfen.

Historische Tatsachen und Grausamkeiten des Christentums (die Ermordung Millionen Andersgläubiger, der Genozid hunderter Stämme und Völker in Mittel- und Südamerika) werden von der Kirche beziehungsweise von der Mehrheit der Theologen meistens übergangen bzw. geleugnet oder zumindest relativiert. Karlheinz Deschner hat in seinem bekannten Monumentalwerk *Kriminalgeschichte des Christentums* die dunklen Seiten wie kein anderer wissenschaftlich aufgearbeitet. Deschners Leistung übersteigt diejenige eines Dutzends universitärer Institute, urteilten Historiker, und trotzdem verhinderten Theologen stets, dass er einen Lehrstuhl bekam. Im Lichte der geschichtlichen Tatsachen wird das Zitat von Friedrich Nietzsche verständlich und plausibel: «Solange man nicht die *Moral* des Christentums als *Kapitalverbrechen am Leben* empfindet, haben dessen Verteidiger gutes Spiel.»

Die katholische Kirche ist reich, doch ihre inhumane, verbrecherische Vergangenheit wird sie niemals zurückkaufen können.

Das Erbe der Verbrechen und die heutige Situation

Im innersten Kern der katholischen Kirche hat sich offenbar die Jahrhunderte während Geisteshaltung kaum geändert. Mit einem Papst, der als Kardinal zuvor jahrzehntelang die Zügel der Folgeorganisation der Inquisition fest in Händen hielt, war das auch nicht zu erwarten. Dabei wird Benedikt XVI. als ein Gelehrter und Intellektueller hohen Ranges angesehen, der sehr gut imstande wäre, eine schlaue und sanfte Änderung der verkrusteten römisch-katholischen Geisteshaltung einzuleiten (das war ja die anfängliche Hoffnung derjenigen, die begeistert «Wir sind Papst!» gerufen haben). Doch dazu bräuchte es neben Intellekt auch Herz – und, zugegeben, die innere Bereitschaft seines Hofstaats. Indessen wird der Intellekt zu einer Verteidigung historischer oder dogmatischer Positionen eingesetzt, die als Arroganz empfunden wird, wie die beiden folgenden Beispiele belegen:

1. Im Mai 2007 hat Benedikt XVI. bei der Eröffnung der lateinamerikanischen Bischofskonferenz im brasilianischen Aparecida erklärt, den Ureinwohnern sei durch die Verkündung des Evangeliums keine fremde Kultur aufgezwungen worden. Die Indianer hätten die Christianisierung vielmehr «still herbeigesehnt». Damit hat der Papst heftige Kritik unter Indianer-Vertretern ausgelöst. Jecinaldo Satere Mawe von der brasilianischen Indianerorganisation Coiab warf dem katholischen Kirchenoberhaupt Arroganz und Respektlosigkeit vor. Auch Indianer in Mexiko, Kolumbien und Venezuela äußerten sich empört über den Papst. «Wir können es nicht akzeptieren, dass die Kirche ihre Verantwortung für die Vernichtung unserer Kultur und unserer Identität nicht anerkennt», sagte Luis Evelis Andrade von der nationalen Ureinwohner-Organisation Kolumbiens. Der mexikanische Menschenrechtler Abel Barrera erklärte: «Es ist eine ethnozentrische, rassistische und

wenig respektvolle Sicht der indigenen Kulturen.» Die venezolanische Ministerin für indigene Völker, die Indianerin Nizia Maldonado, bezeichnete die Kolonisierung Lateinamerikas schlicht als Völkermord. (Nach Angaben des katholischen Indianermissionsrates in Brasília wurden allein in Brasilien zwischen 1500 und 2001 nahezu 1500 indianische Volksgruppen ausgerottet.)

2. Im Juli 2007 brüskierte der Papst besonders die Protestanten durch seinen Alleinvertretungsanspruch der Glaubensverbreitung im Auftrag Christi. Aus einem Bericht von Manfred Bleskin (n-tv.de, 13. 07. 2007): «In einem Text der Congregatio pro doctrina fidei, deren Präfekt Benedikt gewesen war, heißt es, die Protestanten wie auch andere Glaubensgemeinschaften wären mit ‹Mängeln behaftet›. Es handele sich lediglich um ‹kirchliche Gemeinschaften›. Benedictus PP. XVI. dixit, denn die Abhandlung war von ihm ausdrücklich genehmigt worden. Wie schon in dem Schreiben ‹Dominus Iesus›, das 2000 unter Ratzinger'scher Federführung entstanden war, wird die Einzigartigkeit und damit der Vorrang der römisch-katholischen Kirche bekräftigt. Die evangelischen Kirchen sind demnach also keine Kirchen ‹im eigentlichen Sinn›. Rom bekräftigt mit dem Papier seinen Anspruch auf die ‹apostolische Sukzession›: Nur (römisch-katholische) Päpste und Bischöfe dürfen sich auf Christi Auftrag an die Apostel zur Glaubensverbreitung berufen. Sicher: Die Position ist nicht neu. Aber dass sie heuer bekräftigt wird, lässt Zweifel an dem Willen erkennen, die Annäherung der christlichen Konfessionen auf gleicher Augenhöhe zu betreiben. Der Mann aus Marktl am Inn, der ein ‹einfacher Arbeiter im Weinberg des Herrn› sein wollte, hat einmal mehr seinen weltkirchlichen Anspruch als Summus Pontifex Ecclesiae Universalis bekräftigt. Von einer Einigung ist die Christenheit wieder entfernter denn je. Schade, sie hätte ein mächtiger Fels sein können in der neoliberalen Brandung. Sumus papa? Wir sind Papst? Eramus papa. Wir waren Papst. Für ein paar hoffnungsvolle Momente.»

Der lächelnde Papst als Finsterling … Was nützt aller Intellekt, wenn dogmatische Blindheit zu einem Mangel an Sensibilität, Empathie und Menschlichkeit führt? Nichts scheint dieser Papst so zu fürchten wie eine Aufklärung innerhalb seiner Kirche. Wer humane Alternativen zur Diskussion stellt, dem wird die Lehrerlaubnis entzogen. Hans Küng, mit 32 Jahren Theologieprofessor und Konzilsberater, entschied sich für Freiheit statt Anpassung, für (seine) Wahrheit statt Kompromiss. In seinen Erinnerungen *Erkämpfte Freiheit* erzählt er, wie aus dem potenziellen Kardinal ein Mann des aufrechten Ganges wird, der sich seine Freiheit in der Kirche und teilweise auch gegen sie erkämpft.

Stures Festhalten am Kirchenrecht aus dem 11. Jahrhundert verhindert eine lebendige Weiterentwicklung in Richtung von mehr Menschlichkeit. Abgesehen von ein paar oberflächlichen und halbherzigen kosmetischen Korrekturen hinsichtlich der Naturwissenschaften, bleibt die grundlegende Einstellung verkrustet – besonders was die Inhalte der Dogmen betrifft; Stichwörter: Unfehlbarkeit, Zölibat, Frauenbild, Sexualmoral. Diese verkrustete Haltung beleidigt nicht nur den Verstand der Menschen, die das Recht wahrnehmen, selbst zu denken und ihren Verstand zu gebrauchen, sie verletzt auch das Selbstbestimmungsrecht, verhindert die freie geistige Entfaltung, verursacht Traumata und unsägliches Leid.

In puncto Sexualität war die Kirche schon immer besonders heuchlerisch und gnadenlos; das Buch *Sex & Folter in der Kirche – 2000 Jahre Folter im Namen Gottes* von Horst Herrmann berichtet davon. Der Autor war von 1970 bis 1981 Professor der Theologie an der Universität Münster. Wegen seiner Kritik an der Kirche wurde ihm die kirchliche Lehrerlaubnis entzogen (der erste Fall in der Bundesrepublik), und seit 1981 lehrt er Soziologie.

Die heutigen Sex-Skandale sind keineswegs Einzelfälle, sondern Folge eines strukturellen, flächendeckenden Problems. Für die Fälle sexueller Übergriffe ihrer Würdenträger auf Schutzbefohlene, die sie nicht vertuschen konnte (wozu sie stets bemüht ist), musste die katholische Kirche Milliarden von Dollar und Euros als Schadensersatz bzw. Wiedergutmachung leisten. Die diktierte Keuschheit mit dem (von der Bibel gar nicht vorgeschriebenen) Zölibat für Priester der katholischen Kirche scheint eine Ursache für diese Verbrechen zu sein.

Das sture Festhalten an unvernünftigen und unethischen Dogmen der Kirchengeschichte bildet heute noch die Ursache einer Reihe weiterer unmenschlicher und menschenunwürdiger Qualen für die Gläubigen; ich nenne hier nur das Verbot von Verhütungsmitteln angesichts von Millionen Aids-Kranken sowie das Verbot der Abtreibung, das Zehntausende von Frauen infolge unsachgemäßer Eingriffe das Leben kostet. Kein Zweifel: Gott ist furchterregend und rachsüchtig geblieben, Liebe und Vergebung gebührt nur Gläubigen, egal, welche Gräueltaten sie (im Namen des Herrn) verübt haben.

Die katholische Kirche hat erst vor etwa 150 Jahren die Folter abgeschafft; und bis heute hat der Vatikan die Charta der Europäischen Menschenrechte nicht ratifiziert. Andererseits heftet sich die Kirche nach einer gewissen Zeit gerne Errungenschaften ans Revers, die von Aufklärern und Humanisten zuerst erkämpft worden waren (oft auch gegen die Kirche selbst). Vermutlich wird kein Intellektueller wie Joseph Alois Ratzinger in den nächsten Jahrzehnten im Vatikan etwas Wesentliches ändern, sondern am ehesten ein wirklich großartiger Mensch vom Typ «Bauer mit Herz und Verstand». Wenn der Intellekt ohne Herz dazu eingesetzt wird, Dogmen abzusichern, ist er nicht besser als der brillante Intellekt des Teufels.

Existiert Gott? Ein logisch unwiderlegbarer Existenzbeweis Gottes

Der bislang rationale Stand der zentralen Glaubensdiskussion: Die Existenz Gottes kann man nicht beweisen. Es lässt sich aber auch nicht beweisen, dass Gott nicht existiert.

Steht hier Aussage gegen Aussage? Nicht ganz. Denn diese beiden Aussagen sind hinsichtlich ihrer Beweisbarkeit nicht symmetrisch:

Man kann nämlich prinzipiell nicht beweisen, dass etwas *nicht* existiert – selbst wenn dies nach rationalen Gesichtspunkten als sehr wahrscheinlich erscheint.

Bei Diskussionen und Erörterungen kommt es immer darauf an, worüber wir sprechen, wie es definiert wird und in welchem Kontext es Sinn macht. Sprechen wir über Gott, dann gibt es unter den Menschen die unterschiedlichsten Vorstellungen: einen der Götter der monotheistischen Religionen, einen oder mehrere der Götter zahlreicher Urgesellschaften oder auch der Antike, eine Metapher für die grundlegenden Gesetze des Universums usw. Alle Vorstellungen haben eines gemeinsam: Sie sind Konstrukte des menschlichen Gehirns, der menschlichen Kultur. Als Vorstellungen existieren sie alle.

Doch existiert Gott (zum Beispiel der des Christentums) damit auch faktisch?

Unmögliches und Unwahres zu denken, ist alltäglich. Nehmen Sie den einfachen Satz: *Der jetzige König von Bayern spielt hervorragend Saxophon.* Aus der Tatsache, dass dieser Satz Sinn hat, folgt nicht, dass es ein Wesen gibt, für das er gilt. (Und logisch wollen wir ja bleiben, sonst könnte jeder alles beweisen und die Möglichkeit rationaler Behandlung metaphysischer Fragestellungen gemäß Popper wäre überflüssig.) Gott lässt sich nun durchaus als *existent* und *eindeutig* charakterisieren. Der folgende einfache und klare Gedankengang zeigt es auf.

Wenn Gott existiert, dann ist er ein Wesen mit gewissen Eigenschaften. Als hervorstechendste Eigenschaft wird meistens die Allmacht (oder auch die Allwissenheit oder noch die Güte) genannt. Doch kein Wesen kann eine solche absolute Eigenschaft haben, denn dann müsste es kontradiktorische, logisch sich widersprechende Eigenschaften besitzen. Das einzig Existente, das zwei sich widersprechende Eigenschaften besitzen kann, ist die sogenannte leere Menge Ø – die Menge, die kein Element enthält; deren Existenz und Eindeutigkeit (Monotheismus!) sind erwiesen. Und sie hat eine wahrhaft «göttliche» Eigenschaft: sie ist Teilmenge jeder Menge;

jedes Wesen, Sie, meine Katze, ich, jeder Grashalm, jeder Fels und jedes Sandkorn, das Sonnensystem und die Milchstraße, jede Zelle und jedes Atom: sie alle beinhalten Gott alias Ø. Der Beweis dieser Behauptungen gehört zur mathematischen Folklore im Rahmen der ersten Vorlesungsstunde über Mengenlehre und über jede mathematische Grunddisziplin.

Den Gedankengang mögen Sie entweder als unmöglich oder aber als trivial empfinden; er ist jedoch der einzige mir bekannte, der auf der Grundannahme der Gültigkeit der Ratio evident, kohärent, logisch korrekt und nachvollziehbar ist. Die logischste aller «Leerformeln», Ockhams Rasiermesser pur.

Unter Beachtung der Denkprinzipien gibt es also tatsächlich einen einzigen, in allem steckenden Gott, doch der besteht aus dem Nichts … Das ist immerhin besser als das wütende, rachsüchtige, mit ewigem Höllenfeuer bestrafende Gehirnkonstrukt einer Handvoll Kleriker mit Herrschaftsphantasien – das meinen jedenfalls nicht nur Atheisten und Humanisten.

Wenn Sie nun aus der Gleichung Gott = Ø schließen, dass es ja nicht wirklich einen Gott gibt, wie ihn die Thora, die Bibel oder der Koran postulieren, dann ist das eine logisch richtige Implikation. Lieber aus plausiblen, evidenten Gründen oder einfach aus offen gestandenem Nichtwissen ungläubig sein (Atheist oder Agnostiker oder agnostischer Atheist, der den Atheismus vertritt, aber nicht in dogmatischer Weise), als aus offensichtlich falschen Gründen blind glauben (das gilt natürlich auch für die «politischen Religionen»).

Selbst ein nach Sinn suchender Mensch, der schon aus diesem Grund als religiös (lateinisch: *religio*: rücksichtsvolle, gewissenhafte Beachtung, Gewissensscheu, Rückbindung) bezeichnet werden kann, ist bei «Einsteins Religiosität», die mit Gott im Wesentlichen die Menge der Gesetze im Universum meint, besser aufgehoben als bei den religiösen Vereinen aller Couleur, die durch den Missbrauch der individuellen religiösen Gefühle der Menschen nur ihre Macht ausbauen oder erhalten wollen.

Wirtschaftspolitische Dogmen

Den religiösen Charakter extremer politischer Ideologien und Dogmen habe ich nur am Rande gestreift. Dazu verweise ich auf die zahlreichen Bücher und Studien, die im Allgemeinen eine strukturelle Ähnlichkeit zwischen den messiasartigen Verkündungen bzw. Herrschaftsstilen großer Diktatoren (wie Hitler, Stalin und Mao Tse-tung) und den Religionen aufzeigen.

Den Kirchen und herkömmlichen Diktaturen können wir uns in Westeuropa (sowie in einigen anderen Ländern) seit ein paar Jahrzehnten entziehen. Es gibt jedoch noch eine Diktatur, der wir uns nicht ohne weiteres entziehen können: dem Neokapitalismus. Dabei geht es nicht um bewährte ökonomische Prinzipien an sich, sondern um deren Alleinvertretungs- und Absolutheitsanspruch. Jeder Absolutheitsanspruch, jede Diktatur tötet.

Der konkrete Mensch ist doch ein Scheusal …
Hand aufs Herz: Die wenigen Menschen, Familienmitglieder nicht ausgeschlossen, die wir im Laufe unseres Lebens in unser Herz schließen oder die wir ob ihres Wissens oder Könnens oder ob ihrer Bescheidenheit oder Weisheit bewundern, bilden die winzige sprichwörtliche Ausnahme. Unsere Empathie gilt freilich auch allen benachteiligten und «guten» unschuldigen Menschen, doch dieses Gefühl ist schon etwas abstrakter – aus zwei Gründen: erstens, weil wir die Ursachen für die Benachteiligung anderer, gleichgültigen oder «bösen», Menschen zuschreiben, und zweitens, weil wir uns der eigenen Ohnmacht, die Verhältnisse zu ändern, bewusst werden. (Da ist es wenigstens ein kleiner Trost, im eigenen engen Umfeld wirken zu können.) Sonst haben wir vom Menschen eine hohe Meinung nur, wenn wir abstrakt denken. Die überwiegende Mehrheit von uns hält den weitaus größten Teil der konkreten Menschen für ziemlich schlecht – und eine große Minderheit für Bestien. Nicht ohne Grund.

Wie lange noch geben viele Länder mehr als die Hälfte ihrer Einnahmen dafür aus, einander die Bürger zu töten? Von der mittelalterlich anmutenden mörderischen Machtausübung und vom menschenverachtenden Frauenbild in den islamischen Ländern will ich erst gar nicht reden, auch nicht von den Folterungen weltweit.

Sehen wir uns nur innerhalb unserer Landesgrenzen um. Die Zivilisiertheit einer Gesellschaft zeigt sich daran, wie sie mit den schwächeren Geschöpfen umgeht: mit ihren Kindern, ihren Alten und auch mit den Tieren.

1. Verwahrlosung, sexueller Missbrauch, Misshandlung und Tötung von Kindern sind an der Tagesordnung, und die Dunkelziffern – außer bei Tötungen – betragen ein Vielfaches der angezeigten Fälle.
2. Die Kriminalämter können ihre Statistiken zur Aufklärung von Morden noch so beschönigen: Jeder zweite Mord bleibt unentdeckt – und das betrifft vor allem alte, wehrlose Menschen (siehe Sabine Rückert: *Tote haben keine Lobby – Die Dunkelziffer der vertuschten Morde*).
3. Kommerzielle Tierquälerei unvorstellbaren Ausmaßes wird noch bestärkt durch das anthropozentrische Denken des Menschen und durch die Religion *(Mach dir die Erde untertan …)*. Die Eingabe des Stichworts «Tierquälerei» bei Google generiert über 300 000 Einträge.

Zugegeben: Statistisch gesehen betreffen die Verbrechen gegen Menschen nur eine Minderheit, aber eine viel zu große.

Warum diese Feststellungen wichtig sind? Die Grundannahmen über den Menschen bestimmen, wie realitätstreu oder -fremd Schlussfolgerungen über sie sind. Und in der Wirtschaft tummeln sich ja die gleichen Menschen. So sind ökonomische Prognosen oftmals unzutreffend, weil sie von simplen Theorien abgeleitet werden, die ihrerseits auf der einfachen Fiktion des Homo oeconomicus beruhen.

Dieser kenne nur das Eigeninteresse, und zudem nimmt die Theorie an, dass er die Gesetze und Regeln der Wirtschaft respektiert. Beide Annahmen sind realitätsfern:

1. Der Nobelpreisträger Amartya Sen sagte, es gehe gar nicht darum, das Eigeninteresse als eine menschliche Motivation zu leugnen, solange man nur akzeptiere, dass es auch noch andere Antriebskräfte gebe. (Geht man aber von realistischeren Annahmen und Theorien aus, so lassen sich oft gar keine klaren Prognosen für wichtige Wirtschaftskennzahlen ableiten.)

2. Wie in der privaten Gesellschaft, so gibt es auch in der Wirtschaft jede Menge Personen und Firmen, die ihre Bereicherung auf Kosten anderer unter Verletzung der Gesetze betreiben. Betrügerische Anlagefirmen, Gammelfleischskandale im großen Stil, kriminelle Machenschaften großer Konzerne und Kartelle der Energiewirtschaft sind nur exemplarische Exponenten, über die Politmagazine wie Monitor, Frontal21, Aspekte laufend berichten. Auch wenn sie nicht die Regel ist, ausgesprochene Einzelfälle und Ausnahmen sind sie ebenfalls nicht.

Neokapitalismus: Ist das Spiel eine Art Privatisierung des Kommunismus?

Der größte Irrtum jeder dogmatischen Ideologie ist, in Aussicht zu stellen, dass sie das größtmögliche Glück für eine größtmögliche Anzahl von Menschen bringt. Dieser Irrtum ist für den Kommunismus schon erwiesen, und für den Kapitalismus wird er immer greifbarer. Die Volksrepublik China muss sogar mit dem Doppelirrtum des Kommunismus und des Kapitalismus zurechtkommen – oder findet hier ein Übergang statt? Das würde darauf hinweisen, dass jede Wirtschaftsideologie während der Entwicklung eines Landes von der agrarischen Grundversorgung bis zur postindustriellen Phase ein Zeitfenster hat, in dem sie, die spezielle Wirtschaftsideologie, besonders förderlich ist (falls sie nicht pervertiert wird). Aber jede solche

Ideologie beginnt zum Problem zu werden, wenn sie als die allein seligmachende propagiert wird. Und sie wird inhuman, wenn sie als Dogma diktiert wird. Da geht es mit dem Kapitalismus am Ende nicht viel besser als mit dem Kommunismus: Am Ende verarmt die Masse, und eine Elite wird immer reicher. Der kapitalistische Glaube, dass der größte Eigennutz auch immer zum besten Vorteil für alle führt, gerät ins Wanken. Ist der Neokapitalismus nicht gar eine Privatisierung des Kommunismus? Ist der Raubtierkapitalismus nicht dabei, den wahrhaften Liberalismus aufzufressen?

Ausbeuterlöhne und Managergehälter werden wieder leidenschaftlich diskutiert. *Neiddebatte!*, schimpfen die Privilegierten. *Ungerechtigkeit!*, posaunt die Masse. *Ungerecht lebt es sich eben besser*, sagen manche Ökonomen achselzuckend. Doch wenn schon Gerechtigkeit keine ökonomische Kategorie ist: Wie viel Ungleichheit verträgt die Gesellschaft?

Zunächst ist Ungleichheit ganz natürlich. Um sinnvoll über Gleichheit reden zu können, muss man sie spezifizieren; zum Beispiel Chancengleichheit. Dann resultieren so manche Ungleichheiten aus Unterschieden im Talent oder in der Leistung oder aus einem Ungleichgewicht zwischen Angebot und Nachfrage.

Zwei Fragen stellen sich unmittelbar. Können Leistungsdifferenzen so groß sein, dass sie in einem Unternehmen zwischen Arbeitern bzw. Angestellten und Managern eine Einkommensdifferenz um das 20-, 50- oder 100-fache rechtfertigen? (Eine vorübergehende Spekulationsblase an der Börse ist noch keine Managementleistung; außerdem werden auch ausgesprochene Versager mit Millionen verabschiedet.) Und: Wird das Ungleichgewicht zwischen Angebot und Nachfrage für Topmanagerposten nicht innerhalb eines elitären Interessentenkreises künstlich gesteuert?

Eine gesetzliche Regelung zur Begrenzung von Managementgehältern wäre sicher der falsche Weg, und zwar nicht zuletzt, weil sie die im Grundgesetz garantierte Vertragsfreiheit einschränken würde. Bei der Frage der Mindestlöhne ist eine gesetzliche Regelung prinzipiell anders zu beurteilen. Eine Mehrheit der E U -Staaten hat bereits gesetzliche Mindestlöhne eingeführt.

Soll man von seiner Arbeit leben können? Verliert die Lohnarbeit nicht ihren Sinn, wenn man von ihr nicht leben kann? In Deutschland sind sittenwidrige Löhne gesetzlich verboten. Doch was sittenwidrig ist, sagt das Gesetz seit Hartz I V nicht mehr. Offenbar sind Löhne, von denen man nicht leben kann, nicht sittenwidrig. Dann muss halt der Betroffene eine Hartz-I V -Aufstockung beantragen. All das begünstigt eine Unternehmerschaft, die ihre Gewinne durch Lohndrückerei und indirekte staatliche Subventionen mehren will – also auf Kosten der Allgemeinheit. Schöne Unternehmerkreativität: Gewinne privatisieren, Verluste sozialisieren.

Es ist eine Tatsache, dass das Angebot-Nachfrage-Prinzip, das ein natürlicher Motor der Wirtschaft und Gesellschaft ist und den Wettbewerb sicherstellen soll, oft genug pervertiert wird; aber liberalisierte Märkte können auch nicht alle Probleme lösen– und darunter sind grundlegende Probleme des Gemeinwohls und der Umwelt.

Wenn wir einen Blick auf die Vermögensverteilung hierzulande werfen und sehen, dass eine Minderheit der Bürger den weitaus größten Teil des Vermögens besitzt (und vor allem, dass die Kluft zwischen Armen und Reichen immer größer wird), dann stellt sich die Frage: Waren nur diese Eigentümer an der Erschaffung der Vermögenswerte beteiligt? Wem gehört der Mehrwert, der erarbeitet wird? Nur den Eigentümern und den angestellten Managern? Sollten in Ländern, die sich der sozialen Marktwirtschaft verschrieben haben, nicht alle Mitwirkenden am Mehrwert angemessen und fair beteiligt werden?

In seinem Buch *Kein schöner Land – Die Zerstörung der sozialen Gerechtigkeit* schreibt Heribert Prantl, vormals Richter und Staatsanwalt, heute Redakteur bei der *Süddeutschen Zeitung*: «Sozialstaat und Demokratie gehören zusammen, sie bilden eine Einheit. Wer den Sozialstaat beerdigen will, der muss also ein Doppelgrab bestellen.»

Wäre es nicht an der Zeit, dass sich die Politik von ihrem widersprüchlichen Rollenspiel zwischen devoter Dienerschaft der Wirtschaft einerseits (Dieter Hildebrandt, der kritische Kabarettist: «Heute ist die Politik der Spielraum, den die Wirtschaft ihr lässt.») und besänftigendem Populismus andererseits abwendet und wieder ihre ureigene Aufgabe verfolgt, für gesellschaftlichen Frieden und Ausgleich im Interesse aller Bürger zu sorgen?

Das ist in der Tat eines der wichtigsten Spiele mit unvollständigen oder laufend evolvierenden Regeln.

Unmenschliche Globalisierung unter dem Dogma der freien Märkte

Im «globalen Dorf» sind die Ungleichheiten viel größer und die Auswirkungen viel dramatischer. Die Chancen der Globalisierung liegen bei den Stärkeren, die Schatten fallen auf die Schwächeren.

Die Kirche des Christentums war der erste globale Konzern, der über Leichen ging. Heute morden transkontinentale Konzerne subtiler. Dank marktwirtschaftlicher Ideologie, unfairer Profitmaximierung und Privatisierung. Michael Schmidt-Salomon, Philosoph und Vorstandssprecher der Giordano Bruno Stiftung, in seinem *Manifest des evolutionären Humanismus – Plädoyer für eine zeitgemäße Leitkultur*: «Uns gelang das perfekte Verbrechen: Abermillionen Opfer, erdrosselt von der unsichtbaren Hand des Marktes.»

An der Erdrosselung der armen Menschenmassen in den unterentwickelten Ländern sind viele beteiligt: die einheimische korrupte Oberschicht; die Weltbank mit ihrem Privatisierungsdiktat für nahezu alle Lebensbereiche; internationale Konzerne, die unfaire Preise für die dort erzeugten Rohstoffe und Produkte diktieren; die Banken mit ihren 5- bis 7-fachen der üblichen Marktzinsen («Überzinsen» als Risikoprämie); unsere unfaire Subventionspolitik für Exporte in die armen Länder – wodurch die importierten Produkte billiger sind als die einheimischen, was wiederum zur Folge hat, dass die einheimische Produktion ihre Bauern nicht ernähren kann und verkümmert.

Jean Ziegler, Soziologieprofessor und UN-Sonderberichterstatter für das Recht auf Nahrung, prangert wie kein anderer in seinem Buch

Das Imperium der Schande – Der Kampf gegen Armut und Unterdrückung die internationalen Konzerne an. Heute könnte die Menschheit endlich über die Mittel verfügen, um den Ideen der Aufklärung – eine menschliche Existenz ohne Not, ohne Ausbeutung und Unterdrückung – materielle Geltung zu verschaffen. Doch eine neue Klasse von Feudalherrschern, eben die «Kosmokraten» der großen Konzerne, maßten sich an, der Welt ihr Gesetz aufzuzwingen. Ihre Profitgier sei grenzenlos und stehe den elementaren Interessen der Menschen entgegen. Die transkontinentalen Konzerne fahren astronomische Gewinne ein, und die 500 größten unter ihnen kontrollieren über die Hälfte aller auf der Welt produzierten Güter. Das internationale Recht, die UNO und die demokratisch gewählten Regierungen sind geschwächt und ihrer Gestaltungskraft beraubt. 100 000 Menschen sterben täglich (alle paar Sekunden ein Kind) am Hunger oder seinen unmittelbaren Folgen. In den Ländern der Dritten Welt rackern sich die Menschen buchstäblich zu Tode, um die Schuldenlast abzutragen, die von korrupten Diktatoren in Komplizenschaft mit den Konzernherren angehäuft wurden. Zieglers Buch wendet sich gegen eine Weltordnung, die keinen anderen Wert mehr kennt als den nackten Profit. Jean Ziegler: «Es kommt nicht darauf an, den Menschen in der Dritten Welt mehr zu geben, sondern ihnen weniger zu stehlen.»

Auch Joseph Stiglitz, Wirtschaftsprofessor, Nobelpreisträger und ehemaliger Chefvolkswirt der Weltbank, nimmt in seinem Buch *Die Schatten der Globalisierung* die Welthandelsorganisation kritisch unter die Lupe und legt die Funktionsweisen der Weltbank ebenso offen wie die operativen Geschäfte der Weltkonzerne.

Dieses Spiel, bei dem die meisten von uns nur Zuschauer sind, sollte uns veranlassen, die Konzerne und die Ideologen freier Märkte vielleicht etwas reservierter zu betrachten.

Ausbeuterspiele gegen die Natur

Das Spiel mit den tragischsten Auswirkungen, auf die der Mensch möglicherweise gar keinen Einfluss mehr hat – oder nur einen sehr geringen –, ist die im Kapitel 3 bereits erwähnte Tragödie der Allmende, ein Spiel gegen die Natur, das einem n-Nationen-Gefangenendilemma gleicht.

Die Natur wird auf die Ausbeutung und Verschmutzung durch den Menschen mit ihren eigenen Gesetzen, inklusive Zufall, reagieren. Ganz ohne Rache, denn sie denkt ja nicht. Sie selbst kennt keine Katastrophen; als solche werden ja nur ihre Reaktionen vom Menschen empfunden. Doch das, was der Menschheit widerfährt, entspricht im Wesentlichen und letztlich dem, was sie sich verdient hat. Und wenn ein Teil der Menschheit, selbst ein großer Teil oder praktisch die Gesamtheit, untergeht, so wird die Natur ihr universelles Evolutionsspiel mit dem Verbleibenden unbeirrbar weiter betreiben.

Ein Modell der menschlichen Denkwelten: Freiheit – Verantwortung – Fairness

Als Relikte der Vergangenheit bestimmen religiöse Dogmen einerseits und wirtschaftspolitische Dogmen andererseits immer noch in hohem Maße den Zustand der Menschheit. Die unvollständigen Regeln des Lebensspiels, an dem wir alle beteiligt sind, verlangen aber nach humanistischer Ausgestaltung auf der Grundlage klarer Denkprinzipien.

Bezüglich der formulierten Denkprinzipien und angesichts unseres noch sehr großen Unwissens über die Wirkung der Evolutionslinien auf unser Unterbewusstsein, schlage ich folgendes einfache Modell des menschlichen Denkens vor – das auch als Ausgangspunkt unserer Handlungen taugt. Die drei Hauptpfeiler sind *Freiheit*, *Verantwortung* und *Fairness*. (Solidarität ist in Fairness enthalten, während Fairness auch für das realisierbare Maß an Gerechtigkeit steht.)

Bewusstsein

<table>
<tr><td>

Unlogik; Dogmen;
Irrationalität;
Furcht;
Verbot der Kritik;
Obskurantismus;
«Unfehlbarkeit»;
religiöse und poli-
tische Dogmen
und wirtschaftliche
Ideologien als
Machtinstrumente;
Abhängigkeit; Aus-
beutung;
Sektenmerkmale

</td><td>

Logik; Evidenz;
Nachprüfbarkeit
und Kritikfähigkeit
der Inhalte und
der Methoden;
(Natur-)Wissen-
schaften (Falsifi-
zierbarkeit);
Künste; Ethik;
begrenzte Rationa-
lität; Kooperation;
Aufklärung und
Humanismus

</td></tr>
</table>

Inkohärenz

Kohärenz

Unterbewusstsein

DRITTER KREIS

Spiele um die
Interpretation der Welt

Zufall und Regel sind die Elemente des Spiels.
Einst von Elementarteilchen, Atomen und Molekülen
begonnen, wird es nun von unseren Gehirnzellen
fortgeführt.
Es ist nicht der Mensch, der das Spiel erfand. Wohl
aber ist es «das Spiel, und nur das Spiel, das den
Menschen vollständig macht».

M. EIGEN/R. WINKLER, DAS SPIEL

ZITAT IM ZITAT:

F. v. Schiller, Über die ästhetische Erziehung des Menschen; Philosophische und
kritische Schriften

KAPITEL 7

Grenzen des Rationalen; Illusion des Absoluten

Rationales Handeln – pragmatisch, nicht absolut

Versuchen wir zuerst, den rational handelnden Menschen und das grundlegende Problem der Rationalität zu charakterisieren. Der französische Ökonom Maurice Allais, Nobelpreisträger 1988, beschreibt den rational Handelnden wie folgt:

(a) er verfolgt Ziele, die in sich kohärent, nicht widersprüchlich sind, und

(b) er verwendet geeignete, angepasste Mittel, um sie zu erreichen.

Wird das Psychische, Emotionale generell als *irrational* definiert, dann ist selbst der Wunsch nach Rationalität irrational. Andererseits erkannte der amerikanische Ökonom Frank H. Knight bereits 1921: «Im langen Lauf der Geschichte gibt es zweifellos eine Tendenz hin zur Rationalität, selbst bei menschlichen Erregungen und Schrullen.»

Natürlich ist auch die Logik eine wichtige Grundlage für rationales Verhalten: Eine Handlung, die aufgrund falscher Berechnungen oder Deduktionen unternommen wird, ist offenbar unrational. In gleichem Maße hat (vorerst individuelles) menschliches Verhalten logisch konsistent und nicht widersprüchlich zu sein – zumindest in wesentlichen, überlebensbestimmenden Angelegenheiten.

Doch ist es sehr schwer, beim Verhalten des Menschen zwischen subjektiver und objektiver Rationalität zu unterscheiden. Mathematiker und Ökonometriker fordern deshalb eine *operationale* Definition der Rationalität, das heißt deren experimentelle Ermittlung, die sie dann als *rationale Norm* proklamieren können. An ihr kann in konkreten oder gedachten Situationen getestet werden, ob sich Versuchspersonen rational verhalten würden oder nicht. Der Ökonometriker Hans Schneeweiß hält in seinem Buch *Entscheidungskriterien bei Risiko* dagegen: «Ein Nachteil der operationalen Methode ist, dass man an jeder als rational proklamierten Verhaltensweise ihre Rationalität bezweifeln kann; auch können jederzeit neue typische Verhaltensnormen für rational erklärt werden. Das Problem der Rationalität ist also immer offen, selbst dann, wenn ein weitgehend allgemeiner Konsens erzielt werden kann.»

Verfallen wir dennoch nicht in den Irrtum zu meinen, jeglicher Rationalitätsbegriff sei ohnehin subjektiv und daher wertlos: Oft gibt es intersubjektive, nachprüfbare Indikatoren oder Maße (wie zum Beispiel Wahrscheinlichkeiten oder Erwartungen), die zu Entscheidungen bei Ungewissheit herangezogen werden können. Wir können immer wieder nur rational zu handeln versuchen, indem wir unseren gesunden Menschenverstand selbstkritisch einsetzen und erkannte Fehler in einem nie aufhörenden Prozess korrigieren. Dabei spielt es keine Rolle, wo wir damit beginnen. Wir sollten uns nur bewusst sein, dass es Prioritäten gibt; denn oft ist mehr getan, wenn wir ein paar *richtige Dinge* tun, als wenn wir irgendwelche *Dinge richtig* tun.

Die Sehnsucht nach dem Absoluten

Die Suche nach Sinn äußert sich in der menschlichen Sehnsucht nach Gewissheit und fixen Referenzen – in den Gefühlen, im Wissen, in den Werten. Sie ist der Motor unserer vielfältigen menschlichen Kulturarten, und Kultur verändert uns, verändert konkret die Feinstruktur unseres Gehirns.

Diese Sehnsucht ist der tiefere Grund, weshalb viele Menschen für Religionen, Sekten und andere dogmatische, mitunter auch politische, Ideologien anfällig sind (was kein Widerspruch dazu ist, dass die

Realisten unter ihnen die Religion oder die dogmatische Ideologie immer schon als Machtinstrument eingesetzt haben).

Aus humanistischer Sicht ist diese Sehnsucht auch der tiefere Grund, weshalb sich viele Menschen der Philosophie, den Künsten und Naturwissenschaften widmen. Diese ermöglichen wenigstens Erkenntnisse, Infragestellungen, Falsifizierungen, bessere Erklärungen und Fortschritte; doch absolute Gewissheiten bieten auch die nicht. Die Mathematik scheint hier eine Ausnahme zu sein, denn ihre Erkenntnisse sind in einem bestimmten Sinn ewig gültig und folglich absolut; aber diese Absolutheit wird künstlich geschaffen – durch Axiome.

Nehmen wir in einem ersten Schritt diese «puristischsten» Wissenschaften überhaupt, die Logik und die Mathematik, und fragen wir, was die uns an wirklich Absolutem bieten können. Obwohl es streng genommen keine Naturwissenschaften sind, bilden sie ihr Fundament und Rückgrat. Denn immerhin haben sie sich für den Menschen als eine Art Quintessenz der Struktur der Welt (oder eines überwältigenden Teils von ihr) entpuppt, als ein intersubjektiver, beständiger Grundrahmen.

Weder ist die Logik absolut noch die Mathematik vollständig

Es ist ein Privileg des Menschen, Unmögliches, Paradoxes und Unsinniges zu denken und zu formulieren. Aber so wichtig es ist, Antworten auf Fragen zu finden und dadurch Erkenntnisse zu erlangen, so scheint es doch fast noch von größerer Bedeutung zu sein, Fragen zu erkennen, die sinnlos sind – und jene stillschweigenden Voraussetzungen darin zu entdecken und zu beseitigen, die gar nicht zutreffen können.

Die Notwendigkeit, dies zu tun, resultiert aus der Erkenntnis, dass es keine Wahrnehmung gibt, die absolute Wahrheit für sich in Anspruch nehmen kann. Was wir für wirklich halten, hängt von unserer jeweiligen Interpretation beziehungsweise Theorie ab. Wir können die Wirklichkeit nicht zur Grundlage unserer Philosophie machen, weil wir ohne eine Theorie nicht erkennen können, was am Universum real ist. Stephen Hawking in *Einsteins Traum*: «Wie können wir wissen, was real ist, wenn wir uns nicht an eine Theorie oder ein Modell halten, mit dem wir den Realitätsbegriff interpretieren? […] Eine Theorie ist eine gute Theorie, wenn sie ein elegantes Modell ist, wenn sie eine umfassende Klasse von Beobachtungen beschreibt und wenn sie die Ergebnisse neuer Beobachtungen vorhersagt. Darüber hinaus hat es keinen Sinn zu fragen, ob sie mit der Wirklichkeit übereinstimmt, weil wir nicht wissen, welche Wirklichkeit gemeint ist. […] Es hat keinen Zweck, sich auf die Wirklichkeit zu berufen, weil wir kein modellunabhängiges Konzept der Wirklichkeit besitzen.»

Die Quantenmechanik vermittelt zum Beispiel ein von der klassischen Mechanik ganz verschiedenes Bild von der Wirklichkeit. Danach hat ein Objekt nicht nur eine einzige Geschichte, sondern alle Geschichten, die möglich sind. Einige können sogar nebeneinander existieren. Doch viele Philosophen können sich mit dieser Situation nicht abfinden, weil sie stillschweigend voraussetzen, ein Objekt könne nur eine Geschichte haben – wie im Modell der klassischen Mechanik. Das Wesen der Zeit im kosmologischen Ablauf ist ein anderes Beispiel dafür, wie physikalische Theorien unseren Wirklichkeitsbegriff bestimmen. Wäre der Urknall ein unüberwindliches Hindernis – eine *Singularität* –, so hätte es keinen Sinn zu fragen, wer oder was ihn verursacht oder geschaffen hat. Diese Frage würde implizit voraussetzen, dass es eine Zeit davor gab.

Die Logik bietet uns keinen absoluten Anker. Zudem ist sie zwingend selbstbezüglich: Wir brauchen Logik, um *über* Logik reflektieren zu können. Entsprechende Fragen (Welche logischen Postulate sollen benutzt werden? Darf das *Prinzip vom ausgeschlossenen Dritten* als wahr angenommen werden?) müssen unter Verwendung der zweiwertigen Logik der Umgangssprache erörtert werden – auch wenn über logische Systeme diskutiert wird, die drei verschiedene Zustände für Aussagen zulassen. Darüber hinaus ist es unmöglich, die Widerspruchsfreiheit eines logischen Systems allein im System zu beweisen. Alles in allem scheint es keine umfassende Superlogik zu geben, in deren Rahmen sich jede mögliche Logik als Sonderfall verstehen ließe.

Die Rolle der Mathematik im Erkenntniskonzert

Nimmt die Mathematik im Orchester der wissenschaftlichen und kulturellen Instrumente hinsichtlich der Tragweite ihrer Erkenntnisse eine besondere Stellung ein? Wohin führt es, wenn sie über sich selbst nachdenkt? Können wir mit ihrer Hilfe zu absoluten, objektiven Aussagen gelangen?

Mathematik ist nur *ein* Aspekt im konzertierten Erkenntnisbild. Unsere Beschreibung der Welt beruht auf der Wahrnehmung, die wir von ihr haben. Die Beschäftigung mit der Frage, wie Wahrnehmung funktioniert, wie Vorstellen, Bewusstsein und Denken zustande kommen, bildet seit jeher ein Kernstück der Philosophie.

Im großen Erkenntniskonzert, das durch die Philosophie verarbeitet und nach außen getragen wird, spielt kein Instrument allein die ausschlaggebende Rolle. Wenn es eine gemeinsame Grunderkenntnis gibt, die Philosophie, Kunst und Wissenschaft teilen, dann ist es die, dass es keine absolute Wahrnehmung gibt und somit keine Beschreibung, die absolute Wahrheit für sich in Anspruch nehmen kann. Folglich kann auch keine Sprache imstande sein, etwas verständlich zu vermitteln, das von einer grundlegend anderen Seinsart und Qualität wäre als das Wahrgenommene. Genau das gilt aber auch für die Sprache der Mathematik mit ihren eigenen Objekten und Denkregeln.

Die Mathematik ist prinzipiell «unvollständig» – ein Schock

Beim Internationalen Mathematiker-Kongress im Jahr 1900 in Paris hatte der berühmte deutsche Mathematiker David Hilbert ein kühnes

Forschungsprogramm aufgestellt, das zwei wesentliche Ziele hatte: die Nachweise,

- dass die Mathematik konsistent ist (keine Widersprüche enthält) und
- dass sie vollständig ist (alles, was richtig ist, lässt sich auch beweisen).

Nach einer Periode intensivster Arbeit an Hilberts Programm kam dann der aus Brünn stammende Logiker Kurt Gödel 1930 (als vierundzwanzigjähriger Doktorand an der Universität in Wien) zu einem schockierenden Ergebnis: Er zeigte, dass mathematische Theorien immer Aussagen beinhalten, die sich aufgrund der Axiome und der Logik des Schließens nicht beweisen lassen – sogenannte *unentscheidbare* Aussagen. Das ist der Inhalt des berühmten Gödel'schen «Unvollständigkeitssatzes».

Ein Abgrund hatte sich aufgetan: Im Rahmen eines gegebenen Axiomensystems gibt es immer Aussagen, die sich in der durch dieses Axiomensystem bestimmten Terminologie formulieren lassen, aber aufgrund dieser Axiome weder bewiesen noch widerlegt werden können. Dies bedeutet, dass die Gesamtheit mathematischer Wahrheiten nicht aus einem einzigen, endlichen Axiomensystem abgeleitet werden kann. Eine Vermutung könnte sich eines Tages als wahr oder falsch erweisen – oder als unentscheidbar.

Im Mittelpunkt der manchmal skurrilen Überlegungen Gödels stehen Aussagen, die sich auf sich selbst beziehen, etwa «Ich bin nicht beweisbar» oder «Diese Behauptung enthelt fier Vehler». Ein solcher Selbstbezug kann bewirken, dass sich die Aussage nicht zu Ende denken lässt, sondern in einem Kreislauf des Widerspruchs immer wieder in Frage stellt. Der einzige Ausweg besteht in der Schlussfolgerung, es gebe wahre Aussagen, die sich nicht beweisen lassen.

Bei entsprechender Vorsicht muss uns selbstbezügliches Denken aber nicht in Widersprüche verstricken. Wir können die Bedienungsanleitung einer Schreibmaschine auf dieser Schreibmaschine tippen.

Wir können über unser Hirn nachdenken und auch darüber, wie wir denken. Das führt mitten hinein in das Abenteuer der Selbstwahrnehmung und des Ich-Bewusstseins, das in Fragen gipfelt wie: Ist das «Ich» nur ein Trick der Evolution?

Gödels Resultat schockierte die Welt der Mathematiker, bedeutete es doch, dass das Programm des großen David Hilbert zum Scheitern verurteilt war und, schlimmer noch, dass der Mathematik inhärente Grenzen gesetzt sind. Das Resultat gab Anlass zu einer Flut von Arbeiten, die alle höchst erkenntnisreich, aber auch desillusionierend sind – zumal sie weitere Versuche, absolute Referenzen für das menschliche Wissen und Verhalten zu finden, zunichte machen.

Die Konsequenzen: Grenzen, Grenzen, Grenzen

Der britische Logiker Alan Turing versuchte daraufhin, mit einem anderen Ansatz weiterzukommen. Vielleicht ließe sich, überlegte er, im Voraus bestimmen, welche Aussagen unentscheidbar seien. Turing fragte sich, ob es ein automatisches Verfahren, eine *Prozedur,* geben könnte, mit der sich unentscheidbare Aussagen auffinden ließen. Hatte Gödel die Existenz von unbeweisbaren und unwiderlegbaren Wahrheiten demonstriert, so wollte Turing diese methodisch auffinden – und beweisen, dass sie unentscheidbar sind. Die dazu notwendige Formalisierung des Begriffs *Prozedur* führte zum Konzept einer Rechenmaschine, zuerst allerdings als rein gedankliches Konstrukt. Damit konnte Turing beschreiben, was er unter einer *berechenbaren Funktion* (der Prozedur, dem Programm) verstand. Tatsächlich entdeckte er dabei jedoch, dass es nicht möglich ist, die unentscheidbaren Aussagen von vornherein zu finden.

Was ursprünglich als Gedankenexperiment zur Definition einer Rechenvorschrift begonnen hatte, fand sehr bald Anwendung in der Konstruktion von Rechenmaschinen und Lösungsalgorithmen. Turings Satz könnte wie folgt formuliert werden: Es gibt kein allgemeines Verfahren, um für jede gegebene Rechenmaschine M mit Programm P zu entscheiden, ob P anhalten wird oder nicht. Folglich besteht die einzige Möglichkeit, die Laufzeit eines Programms zu ermitteln, darin, es laufen zu lassen und abzuwarten – eventuell bis in alle Ewigkeit. Das bedeutet aber genau die Unlösbarkeit des «Halteproblems», das darin besteht, eine allgemeine Methode zu finden, mittels derer sich entscheiden ließe, ob eine beliebige Rechenmaschine endlos laufen oder aber ein Ergebnis ausdrucken und sich dann selbst abschalten wird. Eine wichtige Konsequenz aus der Unlösbarkeit des Halteproblems besteht auch in der Praxis darin, dass es kein Verfahren, auch kein Computerprogramm geben kann, das immer korrekt voraussagt, ob ein Programm wunschgemäß arbeiten wird oder nicht.

Gödels Satz löste noch weitere Überlegungen aus, die sich in Erkenntnissen über die Grenzen unseres Wissens niederschlugen. Zum Beispiel das «Entscheidungsproblem», das Problem zu bestimmen, welche Sätze S sich durch eine gegebene mathematische Theorie M beweisen lassen. Der Logiker Alonzo Church zeigte 1936, dass es unlösbar ist. Dieses Resultat, als «Churchs Satz» berühmt geworden, besagt also, dass es keinen einfachen Weg gibt, im Voraus zu sagen, ob ein Satz durch die mathematische Theorie M bewiesen werden kann oder nicht. Liegt in deren Rahmen eine zu beweisende Aussage S vor, so kann man nur probeweise beginnen, etwas durch M zu beweisen und darauf zu achten, ob S unter den Implikationen auftaucht. Sollte S im Rahmen der Theorie M in Wirklichkeit eine unentscheidbare Aussage sein, so strickt man weiter bis in alle Ewigkeit und hofft jeden Augenblick auf den befreienden Beweis für die Aussage S.

Diese Erkenntnis schiebt natürlich jedem Versuch einen Riegel vor, eine wie auch immer geartete universelle Maschine zur automatischen Erarbeitung von Beweisen relevanter Sätze zu entwickeln. Das wiederum veranlasste den Philosophen Emil Post zu der Untersuchung, inwieweit Gödels Satz zeigt, dass die Mathematik ihrem Wesen nach *schöpferisch* und nichttechnisch ist. Und der berühmte Alfred Tarski, der sich dem Wahrheitsbegriff wie kaum ein anderer gewidmet hat, benutzte Gödels Satz, um die logisch-semantische Undefinierbarkeit von «Wahrheit» zu beweisen.

Viele Logiker benutzten Gödels Techniken der Selbstreferenz, um eine verwirrende Vielfalt verwandter Ergebnisse aus dem Unvollständigkeitssatz abzuleiten. Gödel selbst bewies – unterstützt von J. Barkley Rosser – die Folgerung aus seinem Satz, dass keine inhaltsreichere mathematische Theorie ihre eigene Widerspruchsfreiheit beweisen könne (es gelingt in aller Regel nicht, sich selbst aus dem Sumpf zu ziehen).

Auch die Informatiker mischten mit. Ging es in Gödels Satz um die *Existenz* von Wahrheiten und bei Turing und Church um das *Auffinden* von Wahrheiten, so fragten die Informationstheoretiker nach der *Struktur* beziehungsweise der *logischen Tiefe* von Wahrheiten – in Begriffen von Informationseinheiten (Bits). Angeregt durch Gödels Satz, stießen sie, allen voran Charles Bennett und Gregory Chaitin von IBM, auf höchst bemerkenswerte Folgerungen. Chaitin bewies einen Satz, aus dem sich Gödels Satz problemlos ableiten lässt, während sich Bennett die Frage stellte, ob denn Wahrheiten *einfach* seien, und sich mit deren «algorithmischer Komplexität» befasste. In seinem Buch *Der Ozean der Wahrheit* interpretiert Rudy Rucker die Tragweite ihrer Resultate: «Chaitin zeigte, dass wir die Existenz eines einfachen Geheimnisses des Lebens nicht widerlegen können, aber Bennett beweist, dass, selbst wenn uns jemand das Geheimnis des Lebens verraten würde, es für uns ein unglaublich schwieriges Problem wäre, daraus ein nützliches Wissen zu ziehen. Das Geheimnis des Lebens ist vielleicht gar nicht wissenswert!»

Künstliches Leben
Ein wesentliches Merkmal des Lebens ist die Fähigkeit der Selbstreproduktion. Das Erstaunliche aber ist, dass sich diese spezielle Fähigkeit nicht nur auf biologische Wesen beschränkt. Zum Beispiel sind Computerviren nichts anderes als Programme, die sich selbst reproduzieren. (Vor einigen Jahren gelang es dem Computerwissenschaftler William Dowling zu beweisen, dass es grundsätzlich kein allgemeines Abwehrprogramm geben kann, das uns vor allen mögli-

chen Viren zu schützen vermag. Der Umstand, dass dieser Beweis die Technik der Gödel'schen Selbstreferenz verwendet, zeigt, dass Selbstreproduktion aufs engste mit Selbstreferenz verknüpft ist.)

Es ist denn auch sicher kein Zufall, dass der Erste, dem ein Entwurf für künstliches Leben gelang, ein Mathematiker und Logiker war, nämlich John von Neumann (übrigens ein Kollege Gödels in Princeton). Dieser kreative und sprühende Geist, der sich zeit seines Lebens mühelos über Grenzen hinwegsetzte und auf den Gebieten der mathematischen Logik, der Sozial- und Wirtschaftswissenschaften und der Quantenphysik Arbeiten verfasste, war vermutlich auch der Erste, der Gödel richtig verstanden hatte. Er wies nach, dass Automaten beziehungsweise Roboter denkbar sind, die sich selbst reproduzieren, und dass sich ein genetisches Programm nicht selbst zu enthalten braucht. Das wirkliche Problem der Selbstreproduktion ist nicht technischer, sondern informationstheoretischer Natur. Lebewesen besitzen ein kodiertes Programm, das sie anweist, Kopien ihrer selbst herzustellen – einschließlich dieses Programms. Von Neumanns logischer Entwurf eines selbstreproduzierenden Automaten bestand denn auch aus zwei Teilen: einer flexiblen Konstruktionseinheit, die imstande ist, je nach Anleitung die Bestandteile herzustellen und zu verarbeiten; und einer Instruktion, welche die Konstruktionseinheit so steuert, dass sie eine Kopie des Automaten baut. Dies entspricht einerseits der Dualität zwischen Rechenmaschine und Programm, andererseits jener zwischen Zelle und Erbsubstanz.

Das Ergebnis, dass selbstreproduzierende Automaten logisch (und technisch) möglich sind, stimmt nachdenklich. Jedenfalls wäre für viele Menschen ein Nachweis der Unmöglichkeit selbstreproduzierender Automaten (und somit der Untauglichkeit einer mechanistischen Erklärung dieser wesentlichen Eigenschaft des Lebens) vermutlich weitaus leichter zu verkraften gewesen als die Erkenntnis, dass manche Aussagen über ganze Zahlen grundsätzlich unentscheidbar sind. Aber ist das nicht auch ein Hinweis darauf, dass beides, Lebensformen *und* Fiktionen, sich nicht auf eine wie auch immer geartete absolutistische Erkenntnis reduzieren lassen?

Rationales Handeln und Demokratie: nicht zwangsläufig vereinbar

Logik, Mathematik, Informationstheorie, theoretische Informatik: nicht gerade alltägliche Beschäftigungen, mögen Sie einwenden, bei denen es nicht weiter schlimm ist, dass man an Grenzen stößt. Indessen bleibt der alltägliche Lebensbereich auch nicht von grundsätzlichen Unmöglichkeiten verschont. Und das bereits bei wenigen Entscheidungsalternativen in einer kleinen Gemeinde. Wie einigen sich zum Beispiel die Gemeinderatsmitglieder, wenn sie zwischen dem Bau einer Schule, eines Schwimmbads oder einer Umgehungsstraße wählen müssen?

Selbstverständlich setzen wir voraus, dass jeder an der Wahl Beteiligte für alle Alternativen eine widerspruchsfreie (und somit rationale) Präferenzordnung hat: Zieht er die Alternative x der Alternative y vor und y der Alternative z, so soll er x auch z vorziehen. Diese Eigenschaft wird *transitiv* genannt; zum Beispiel sind Verwandtschaftsverhältnisse *transitiv,* Freundschaften dagegen nicht: Sind A und B Freunde, B und C ebenfalls, dann folgt daraus nicht, dass A und C befreundet sind; sie müssten sich ja nicht einmal kennen oder könnten sogar verfeindet sein.

Hat nun jedes Mitglied die Alternativen nach seinen Präferenzen geordnet, dann sollte das Kollektiv durch eine demokratische Entscheidung (ein mehr oder weniger kompliziertes Wahlverfahren) ebenfalls zu einer eindeutigen Präferenz kommen. Es ist dies eine zentrale Frage der politischen Ökonomie: Wie können aus individuellen Präferenzen auf demokratischer Basis gesellschaftliche Präferenzen abgeleitet werden?

Am Beispiel der Alternativen «Bau einer Schule, eines Schwimmbads oder einer Umgehungsstraße» lässt sich zeigen, dass die kollektive Präferenz im Allgemeinen bei keinem noch so raffinierten Auswahlverfahren transitiv beziehungsweise rational sein muss, auch wenn alle individuellen Präferenzen es sind. Dieses Abstimmungsparadoxon könnte folgende Mehrheitsentscheidung zur Folge haben: Der Bau des Schwimmbads wird dem Bau der Schule, der Bau der Schule dem Bau der Umgehungsstraße und der Bau der Umgehungsstraße wird dem Bau des Schwimmbads vorgezogen usw. Diese kollektive Präferenz ist nicht mehr transitiv, kollektive Rationalität wird nicht erreicht.

Solche Paradoxien bei Mehrheitsentscheidungen sind spätestens seit dem Marquis de Condorcet (1743 bis 1794), dem «letzten» der französischen Aufklärungsphilosophen des 18. Jahrhunderts, bekannt und stellen keine spitzfindig ausgedachten Ausnahmefälle dar, sondern vielmehr, wie wir heute wissen, die Regel:

> Bei mehr als einem Entscheidungsträger und bei mehr als zwei Alternativen gibt es kein noch so kompliziertes Auswahlverfahren, welches zwangsläufig sowohl demokratisch ist als auch zu rationalen kollektiven Entscheidungen führt.

Dies ist die dramatische Konsequenz des Unmöglichkeitssatzes des Sozial- und Wirtschaftswissenschaftlers Kenneth Arrow. Der Traum vieler Sozialphilosophen: futsch. Es gibt also kein prinzipiell widerspruchsfreies Auswahlverfahren in der Demokratie – was nicht etwa heißen soll, dass Demokratie und Vernunft keine gemeinsamen, miteinander verträglichen Bereiche hätten; dies gilt nur nicht zwangsläufig. Insofern ist Demokratie kein sozialpolitisches Allheilmittel, sie kann Barbarei nicht ausschließen.

Im Jahre 1951 publizierte Arrow sein Buch *Social Choice and Individual Values*, das eine Flut von Diskussionen und Forschungen auslöste.

Im Jahr 1972 erhielt er für seine «bahnbrechenden Arbeiten zur allgemeinen Theorie des ökonomischen Gleichgewichts und der Wohlfahrtsökonomie» den Nobelpreis für Wirtschaftswissenschaften.

Der Unmöglichkeitssatz zeigt, dass alle Versuche, ein *perfektes demokratisches Wahlsystem* zu konstruieren, das nie zu paradoxen Ergebnissen führt, zum Scheitern verurteilt ist. Jedes Wahlverfahren wird bisweilen Unzulänglichkeiten aufweisen. Somit ist auch der *Marktmechanismus* kein Auswahlverfahren, das rationale kollektive Entscheidungen garantiert. Diese Konsequenz zerstörte die Träume unzähliger Sozialphilosophen, die über ein Jahrhundert lang nach gerechten, nicht manipulierbaren Wahlsystemen gesucht hatten.

Auch die gerechte Sitzverteilung in Parlamenten gehört zu den Fundamenten der Demokratie. Die Wahlergebnisse sind im Allgemeinen nicht ganzzahlig, im Gegensatz zu den Parlamentssitzen. Probleme entstehen immer, wenn bei einer Auflistung oder Zuteilung *gerundet* werden muss.

Die Mathematiker Michel L. Balinski und H. Peyton Young zeigten 1980, dass das allgemeine Rundungsproblem unlösbar ist. Daher gibt es auch keine vollkommen befriedigende Lösung des Problems, wie die Parlamentssitze aufgrund eines Wahlergebnisses auf die verschiedenen Parteien verteilt werden sollen.

Die Vernunft, die einer wirklichen Demokratie fast zwangsläufig innewohnt, besteht in der Einigung auf ein nicht vollkommen befriedigendes System: Demokratie als friedliches Instrument zur Minimierung sozialer Differenzen – vorausgesetzt, ein grundlegendes Rahmensystem funktioniert.

Gerechtigkeit gibt es höchstens als Fairness

Was objektive Gerechtigkeit ist, kann niemand sagen, aber die meisten haben ein gutes Gefühl dafür, ob etwas ungerecht ist. Das Gerechtigkeitsempfinden beziehungsweise der Widerstand gegen Ungerechtigkeit war geschichtlich der stärkste Auslöser von Aufständen, Revolutionen und Befreiungskämpfen. Die grausamen Herrschaften der Kirchenfürsten, der Feudalherren, der Kolonialisten und Diktatoren weltweit wurden – und werden zum Teil immer noch – bekämpft. Diese klassischen Herrscher wurden allmählich durch die heute agierenden «neuen Herrscher der Welt» (Jean Ziegler) ersetzt, durch die internationalen Konzerne und ihre Helfershelfer, die dem Primat des (privaten) Profits als Motor des Raubtierkapitalismus huldigen. In diesem kühlen Globalisierungswind sieht jetzt auch die Sozialdemokratie allerorts Konflikte zwischen sozialer Gerechtigkeit und wirtschaftlicher Effizienz. Die Bürger zeigen sich zunehmend unwillig, die steigenden Kosten der Sozialsysteme zu tragen und die Einkommen derjenigen zu finanzieren, die nicht arbeiten können, nicht arbeiten wollen oder die ihr Arbeitsleben bereits hinter sich haben.

Die Wirtschaftswissenschaften haben einen gravierenden Mangel. Den Begriff der Gerechtigkeit kennen die Ökonomen nicht, sie sprechen höchstens von Gleichheit und Ungleichheit bzw. von Gleichgewichtspunkten in wirtschaftlichen Spielsituationen, oder – meistens, wie bei Fragen der gerechten Entlohnung – von Angebot und Nachfrage. Eine wie auch immer geartete absolute Gerechtigkeit kann es ja auch gar nicht geben; schließlich gibt es ja auch keine absolute Rationalität. Und kein Moralphilosoph, kein Atheist, keine Religion, keine Sekte, keine Kirche, keine Diktatur kann vermitteln, was absolut gut oder böse wäre. «Das Moralische ist keine göttliche, sondern eine rein menschliche Angelegenheit», meinte Albert Einstein. Bereits Charles Darwin war davon überzeugt, dass Reziprozität (Gegenseitigkeit) ein sozialer Instinkt und folglich der Grundstein der Moral ist. Wenn ich beitragen kann, dass es meinen Freunden und Partnern gutgeht, dann geht es mir auch gut. Obwohl es also keine absolute Gerechtigkeit geben kann, bleibt die zumindest empfundene Gerechtigkeit ein zentrales menschliches Anliegen; denn erst durch sie, so sagte Augustinus bekanntlich, unterscheide sich die politische Gesellschaft von einer Räuberbande.

John Rawls – liberal-politischer Philosoph der Gerechtigkeit

Kaum ein politischer Philosoph hat sich dem Problem der Gerechtigkeit so gewidmet wie John Rawls (1921–2002). Er gilt als wesentlicher Vertreter der liberalen politischen Philosophie und bestimmt die Rolle der Gerechtigkeit als erste Tugend sozialer Institutionen.

Die Aufgabe von Gerechtigkeitsgrundsätzen besteht darin, die Grundstruktur der Gesellschaft festzulegen, das heißt die Zuweisung von Rechten und Pflichten und die Verteilung der Güter. Wie aus Rawls theoretischen Überlegungen ersichtlich wird, ist seine Gerechtigkeitstheorie eine Theorie der operationalen oder Verfahrensgerechtigkeit. Rawls stellt sich dazu die Frage: Für welche Grundsätze würden sich freie und vernünftige Menschen in einer fairen und gleichen Ausgangssituation in ihrem eigenen Interesse entscheiden? Gerechtigkeit als Fairness ist die Leitidee seiner Theorie.

Gerecht ist eine Gesellschaft dann, wenn die sie tragenden Institutionen von Grundsätzen geleitet werden, die ihre Bürger selber für sie festlegen würden, faire Bedingungen der Freiheit und Gleichheit vorausgesetzt. Zur paradigmatischen Gerechtigkeitstheorie unserer Zeit wurde die Rawls'sche Theorie aber nicht durch die ja bereits ehrwürdig ergraute Vertragsidee, sondern durch deren entscheidungstheoretische Konkretisierung mit Hilfe der Modellvorstellung des «Urzustandes». Rawls entwirft folgende hypothetische Situation: Die Bürger einer Gesellschaft kommen hinter einem «Schleier der Unwissenheit» zusammen, um gemeinsam die obersten Gerechtigkeitsgrundsätze für ihre Gesellschaft zu bestimmen. Hinter dem Schleier weiß niemand, wer er im wirklichen Leben ist (vielleicht Bauarbeiter, Arzt, Lehrer, Hausmann, Richter, Straßenkehrer, Freiberufler, Polizist ... – weiblich wie männlich), und keiner kann voraussagen, wie sich die verschiedenen zur Wahl stehenden Grundsätze auf sein eigenes zukünftiges Wohl auswirken würden. Der Schleier verhindert, dass zufällige individuelle Interessenlagen und sozial vorgegebene Kräfteverhältnisse die Entscheidung der Bürger im Urzustand beeinflussen können. Er soll Fairness garantieren und sicherstellen, dass sich die Interessen durchsetzen, die alle Bürger als Bürger teilen.

Die «Gerechtigkeit als Fairness» hat zwei Grundsätze:

1. Jeder Mensch soll gleiches Recht auf das umfangreichste System gleicher Grundfreiheiten haben, das mit dem gleichen System für alle anderen verträglich ist. Die Elemente dieses ersten Grundsatzes sind politisch-rechtliche Gleichheit und Maximierung der individuellen Freiheit. Wesentliche Grundfreiheiten sind politische Freiheit (Wahlrecht), Rede- und Versammlungsfreiheit, Unverletzlichkeit der Person, Recht auf Eigentum.

2. Soziale und wirtschaftliche Ungleichheiten sind dann zulässig, wenn sie (a) mit Ämtern und Positionen verbunden sind, die jedermann offenstehen (Prinzip der fairen Chancengleichheit), und wenn sie (b) denjenigen, die am wenigsten begünstigt sind, am meisten zugute kommen (Differenzprinzip: Ungleichheiten sind nur dann gerechtfertigt, wenn sich durch diese die Situation der Schlechtestgestellten nicht verschlechtert, sondern [auch] diesen zum *absoluten* Vorteil gereichen).

Der erste Grundsatz hat vor dem zweiten Priorität: Man kann bei Beachtung des zweiten Grundsatzes nicht wieder hinter den ersten zurück. Dies gilt auch für die beiden Unterpunkte im zweiten Grundsatz: Es ist nicht erlaubt, die Chancengleichheit zu beschneiden, um dem Differenzprinzip mehr Geltung zu verschaffen.

Mit dieser etwas umständlichen Konstruktion will Rawls eigentlich nur zeigen, dass der Grundsatz der Freiheit absoluten Vorrang genießt. In Abgrenzung zu dem von ihm kritisierten Utilitarismus will er mit diesem Konstrukt verhindern, dass es eine Gesellschaft für zulässig erklärt, die zugunsten der Güterverteilung auf Freiheiten verzichtet.

Die bahnbrechende Bedeutung der Rawls'schen Theorie liegt keinesfalls in ihren egalitären Inhalten. Entscheidend sind Spannweite und Tiefenschärfe, mit denen hier Moralphilosophie unter Einbeziehung einer Vielzahl anderer Disziplinen auf höchstem Niveau betrieben wird. Rawls, der von 1961 bis 1991 an der Harvard-Universität in Cambridge/Massachusetts Philosophie lehrte, hat die Einsichten der modernen Entscheidungstheorie, der Spieltheorie und der Finanzwissenschaft für die Lösung philosophischer Probleme ebenso genutzt wie Ergebnisse der Rechtstheorie oder Moralpsychologie. Seine Arbeiten beweisen, dass auch in der Ethik eine moderne und vergleichsweise präzise Theoriebildung in großem Stil möglich ist. So etwas hatte es lange nicht und womöglich niemals zuvor gegeben.

Dass das Rawls'sche Werk nach wie vor programmatische Bedeutung hat, ergibt sich aus vier Frontstellungen im Streit der Ideen sowie aus den heutigen Grenzen der Rawls'schen Theorie (zitiert nach Wilfried Hinsch):

- Gegen den Neoliberalismus werden die Forderungen der distributiven Gerechtigkeit zur Geltung gebracht, die dem Einzelnen einen von seiner ökonomischen Produktivität unabhängigen Anteil an den Früchten sozialer Kooperation zuerkennt.
- Gegen den wohlfahrtstheoretischen Utilitarismus werden menschliche Grundrechte anerkannt und begründet, deren Garantie für den Einzelnen von gesamtgesellschaftlichen Nutzenerwägungen unabhängig sein muss.
- Gegen die radikaldemokratische Überhöhung der Volkssouveränität zum obersten Prinzip politischer und sozialer Gerechtigkeit (etwa bei Jürgen Habermas) wird darauf insistiert, dass die gerechte Ausübung politischer Macht an grundrechtliche Bedingungen gebunden ist, deren konkrete Ausgestaltung zwar Gegenstand eines Prozesses der demokratischen Legitimierung ist, deren normativer Kerngehalt aber nicht durch Abstimmungen festgelegt, sondern nur durch Argumente ermittelt werden kann.
- Und gegen die fundamentalistischen Ansprüche umfassender philosophischer und religiöser Lehren wird das Bestehen begründeter Meinungsverschiedenheiten über grundlegende Fragen des guten

und richtigen Lebens anerkannt und die Notwendigkeit eines übergreifenden Konsenses für eine dauerhaft gerechte politische und soziale Ordnung gefordert.

Freilich sind heute die Grenzen der Rawls'schen Theorie nicht zu übersehen:

- So fehlt eine Konzeption individueller Verantwortung für wirtschaftliche Erfolge und Misserfolge.
- Auch ist keinesfalls klar, wie eine egalitäre Auffassung innerstaatlicher Gerechtigkeit auf globale Kooperationssysteme ausgeweitet werden kann.
- Schließlich bringt die Annahme, primäre Subjekte der Gerechtigkeit seien rationale und kooperationsfähige Personen, eine Verengung der Perspektive mit sich, die mit Blick auf bedrängende Fragen (Abtreibung, Euthanasie, Genforschung) nach der Würde des nicht personalen menschlichen Lebens überwunden werden muss.

KAPITEL 8

Yin-Yang-Spiele, Poppers Welt 3 und der Zufall

Die älteste Idee der chinesischen Philosophie, die in allen Bereichen der Kunst und Wissenschaft vorkommt, ist die Einteilung in Yin und Yang. Yin und Yang entstehen aus dem einen Ursprung und bringen dann ihrerseits die enorme Vielfalt der Erscheinungen, einschließlich des gesamten materiellen Universums, hervor. Um die verschiedenen Ebenen der Schöpfung rückwärts bis zum Ursprung zu durchlaufen, muss ein Mensch Gleichgewicht zwischen Yin und Yang herstellen. Dieses Prinzip gilt jedoch auch für weniger mystische Ziele. Für die Beseitigung von Hindernissen, die dem Glück im Wege stehen, für die Wiederherstellung der Gesundheit und Harmonisierung der familiären Verhältnisse müssen sich Yin und Yang im Gleichgewicht befinden.

Einige Eigenschaften von Yin und Yang:
- Yin und Yang treten immer gemeinsam auf, niemals isoliert.
- Yin und Yang befinden sich in einem dauerhaften Zustand von Veränderung und Gleichgewicht.
- Yin und Yang sind nicht absolut, sondern nur in Relation zueinander zu verstehen.
- An der Spitze des Yin steigt Yang auf und Yin ab – und umgekehrt.
- Yang und Yin erscheinen als dynamische Paare von Gegensätzen – und verstärken einander.

- Phänomene verstecken sich und spielen im Gefolge von Yang und Yin.

Einige Manifestationen von Yin und Yang

Yang	Yin
Sonne/hell/weiß	Schatten/dunkel/schwarz
aufsteigend	absteigend
bewegend	still
expansiv	restriktiv
Nordpol	Südpol
Berg	Tal
physische Welt	astrale Welt

Diese fernöstliche dualistische Symbolik ist nicht ohne Einfluss auf unsere abendländische Philosophie geblieben, und sie lebt auch heute noch unter vielfältigen, auch esoterischen Aspekten fort.

Das Wörterbuch definiert *Dualismus* als «jede Lehre, die zwei Grundprinzipien des Seins annimmt, z. B. Licht und Finsternis, männliches und weibliches Prinzip, Yin und Yang, Geist und Materie usw.», und als «Widerstreit von zwei einander entgegengesetzten Kräften», während das damit verwandte Substantiv *Dualität* als «Doppelheit, Zweiheit, Vertauschbarkeit, Wechselseitigkeit» charakterisiert wird. (Der sogenannte *Korpuskel-Welle-Dualismus* scheint in diesem Sinne mehr eine Dualität zu sein, da es sich um vollkommen äquivalente Darstellungen der Quantenmechanik handelt.)

Neben einer Fülle oberflächlich erscheinender Dualismen tauchen auch tiefgründigere philosophische Dualismen auf, zum Beispiel die Kantischen Dualismen «Form und Inhalt», «Rezeptivität und Spontaneität», «Sinnlichkeit und Verstand». Doch ich möchte in diesem Essay vor allem auf erkenntnisphilosophische Aspekte der Naturwissenschaften eingehen und werde mit Hilfe der Sichtweise von Karl Popper versuchen, mich mehr den grundlegenden naturwissenschaftlichen Weltbildern anzunähern.

Ein paar grundlegende Ansichten von Sir Karl Popper

Karl Popper mag vielen heutigen Philosophen als altmodisch erscheinen. Doch seine Aussagen und Argumente sind immer wieder erfrischend und vorbildlich klar – und dabei so differenziert. Ein paar Schlüsselzitate von diesem großen Erkenntnisphilosophen:

- Ich möchte bekennen, dass ich Realist bin – eine Art naiver Realist.
- Alle Wissenschaft und Philosophie ist aufgeklärter Alltagsverstand.
- Es gibt keine maßgeblichen Quellen der Erkenntnis, und keine «Quelle» ist besonders verlässlich. Alles ist willkommen als eine Quelle der Inspiration, auch die «Intuition», besonders wenn sie uns neue Probleme eröffnet. Doch nichts ist sicher, und wir alle sind fehlbar.
- Ich glaube nicht an die Lehre von der letzten Erklärung.
- Ich unterstütze die (von Alfred Tarski verteidigte und verfeinerte) Theorie des Alltagsverstands, dass Wahrheit die Übereinstimmung mit den Tatsachen (oder der Wirklichkeit) ist; oder, genauer, dass eine Theorie wahr ist genau dann, wenn sie mit den Tatsachen übereinstimmt.
- Die Idee der Wahrheit ist absolut, aber es kann keine absolute Gewissheit geben: *wir suchen nach der Wahrheit, aber wir besitzen sie nicht.*
- Unser Hauptziel in der Philosophie und Wissenschaft sollte die Suche nach Wahrheit sein … Doch die Suche nach Wahrheit ist nur dann möglich, wenn wir klar und einfach reden und unnötige technische Komplikationen vermeiden. In meinen Augen ist das Streben nach Einfachheit und Durchsichtigkeit eine moralische Pflicht aller Intellektuellen: Mangel an Klarheit ist eine Sünde, Aufgeblasenheit ein Verbrechen.

Ist die Forderung nach Einfachheit und Klarheit nicht sympathisch? Immerhin sind einfachere Theorien leichter falsifizierbar; und wenn wir schon alle irren, dann sollten wir es mit möglichst wenig Aufwand tun, das heißt möglichst einfach und klar.

Nach Karl Popper ist es die «Hauptaufgabe der Philosophie, unser Weltbild dadurch zu bereichern, dass sie zur Erzeugung phantasievoller und gleichzeitig kritischer Theorien beiträgt, insbesondere methodologisch interessanter Theorien».

Die abendländische Philosophie besteht ganz überwiegend aus Weltbildern, die Variationen über das Thema des Leib-Seele- bzw. Körper-Geist-Dualismus sind, und aus damit zusammenhängenden Methodenproblemen.

Die wichtigsten Abweichungen von diesem abendländischen dualistischen Thema waren Versuche, es einerseits durch eine Art *Monismus* zu ersetzen, andererseits durch eine Art *Pluralismus*. [Monismus: philosophische Lehre, dass alles Seiende auf ein einheitliches Prinzip zurückzuführen sei (beim materialistischen Monismus auf die Materie, beim idealistischen Monismus auf den Geist). Pluralismus: philosophische Lehre, nach der die Wirklichkeit aus vielen selbständigen Wesen besteht, die insgesamt keine Einheit bilden; in politischen Kategorien («pluralistische Gesellschaft») ist es die Auffassung, dass der Staat aus vielen Macht- bzw. Interessengruppen besteht; Gegensatz: Singularismus.]

Die Versuche der Monisten scheinen erfolglos geblieben zu sein, denn hinter dem Schleier der monistischen Beteuerungen scheint immer noch der Leib-Seele-Dualismus zu lauern.

Dagegen lagen pluralistische Abweichungen fast auf der Hand, wenn man an den Polytheismus denkt oder auch an seine monotheistischen Varianten. Und so haben bereits einige frühere Philosophen erste ernsthafte Schritte in Richtung auf einen philosophischen Pluralismus getan, indem sie auf die Existenz einer *dritten Welt* hinwiesen (z. B. Platon und die Stoiker). Einige neuere Philosophen wie Leibniz, Bolzano und Frege setzten den Weg fort.

Poppers «Drei-Welten-Modell»

Popper unterscheidet drei *Welten*: «Welt 1» bildet die physikalische Realität; «Welt 2» ist die Welt unseres Bewusstseins; und die Probleme und Theorien sind die Hauptbestandteile der «Welt 3».

Letztere ist überzeitlich und objektiv beständig gegenüber unserem Denken, obwohl sie von ihm geschaffen wird. Zum Beispiel ist die Zahl eine Erfindung, mit der *unabhängig* neue objektive mathematische Probleme ersonnen werden. Irgendwo in der «Welt 3» gibt es also ein Stübchen oder eine Schublade, in der sich die faszinierenden Objekte und Probleme der sogenannten «reinen Mathematik» entfalten und gelegentlich ihre Umgebung befruchten.

Wie eng verzahnt Poppers Welten miteinander wechselwirken, veranschaulicht Rudolf Taschner in seinem Buch *Zahl Zeit Zufall – Alles Erfindung?*: «Immer, wenn man Zeit oder Zufall zu fassen vermeint, verflüchtigen sich beide blitzschnell ins unendliche Reich der Zahlen. Zahl, Zeit und Zufall sind untrennbar ineinander verwoben, und das Geflecht, das sie zusammenhält, ist nicht irgendwo ‹draußen›, ‹im Universum›, sondern in uns selbst, in unserem Denken und in unserem Bewusstsein.»

Aber nicht nur unsere Ideen und Vorstellungen von Zahl, Zeit und Zufall, sondern auch alle unsere Theorien, Erklärungsversuche und Interpretationen der Welt und der Vorkommnisse in ihr bevölkern Poppers dritte Welt. Und diese Theorien, die praktisch alle falsch sind (und nur darauf warten, falsifiziert und durch bessere abgelöst zu werden), umfassen auch religiöse und dogmatische Inhalte, negieren aber deren proklamierte Unfehlbarkeit oder Absolutheit. Popper: «Wenn ich behaupte, dass es eine dritte Welt gibt, so hoffe ich, damit jene Denker herauszufordern, die ich *Philosophen des Glaubens* nenne: die sich wie Descartes, Locke, Berkeley, Hume, Kant oder Russell für unsere subjektiven Vorstellungen und ihre Grundlagen oder ihren Ursprung interessieren. Gegen diese Philosophen des Glaubens behaupte ich, unser Problem sei, bessere und kühnere Theorien zu finden, und *nicht der Glaube* zähle, sondern die *kritische Bevorzugung*.»

○○●

Das ist in der Tat eine Ablehnung aller Dogmen und eine starke Bejahung der im Kapitel 6 formulierten einfachen Denkprinzipien.

Schicksal, Zufall und Wahrscheinlichkeit

«Alles ist Schicksal, und den Zufall gibt es nicht!» Der Schicksalsglaube, das heißt der Glaube, dass das Schicksal des Menschen vorherbestimmt ist und man nichts dagegen machen kann, ist weit verbreitet. Die letzten Konsequenzen dieser deterministischen Haltung, die nicht die Spur eines freien Willens zulässt, wären Fatalismus und Verantwortungslosigkeit. Das ist absurd – obgleich man spezielle Ausprägungen des Zufalls, ob man nun einen Einfluss darauf hat oder nicht, durchaus als «Schicksal» ansehen kann. Und dabei gibt es alle Abstufungen zwischen glücklichen und tragischen Zufällen. Doch angesichts des Zustands der Welt (sowie der prinzipiellen Unvorhersagbarkeit unseres Wissens) ist der Zufall – als Indeterminismus – geradezu eine Notwendigkeit. Und «Wahrscheinlichkeit» die theoretische Entität, die (manchmal) Quantifizierungen erlaubt.

Andrej Kolmogorovs axiomatische Definition des Wahrscheinlichkeitsraumes (1933) und seine Interpretation finden Sie zum Beispiel in meinen Essays *Abenteuer Mathematik* und *Die Architektur der Mathematik*.

Es ist die scheinbare Schwäche, aber in Wirklichkeit die eigentliche Stärke des Kolmogorov'schen Wahrscheinlichkeitsbegriffes, dass er keinen Aufschluss über die Zahlenwerte liefert, die konkreten Ereignissen zuzuordnen sind. Das ist nämlich keine Frage der Wahrscheinlichkeits*definition*, sondern eine der Wahrscheinlichkeits*interpretation* für das konkrete Anwendungsgebiet. (Besonders offensichtlich wird dieser grundlegende Aspekt in der Statistik, die ja zum größten Teil auf dem Wahrscheinlichkeitsbegriff beruht: Wenn etwa offizielle Statistiken feststellen, dass die Kriminalität gegenüber dem Vorjahr um x Prozent zugenommen habe, so ist dies nicht unbedingt schon eine Tatsache, sondern eine möglicherweise unzulässige Folgerung oder Interpretation. Aus der Feststellung kann nämlich nicht zwingend gefolgt werden, die Kriminalität an sich habe zugenommen. Streng betrachtet, kann aus der Feststellung gar nichts Zwingendes gefolgt werden. Die Erhöhung des Prozentsatzes könnte ja auf wirksamere Aufklärungsmethoden zurückzuführen sein, ohne dass die Kriminalität selbst zugenommen hätte. Das kann aber nur entschieden werden, wenn die Dunkelziffer genau bekannt ist. Ebendas ist aber nicht der Fall – da es sonst keine Dunkelziffer gäbe. Zu Recht heißt es, Statistiken sind für Wissenschaftler wie Laternenpfähle für Betrunkene: sie geben Halt, aber keine Erleuchtung.)

Wahrscheinlichkeit: Diskussionen und Deutungen

Es ist in der Tat ratsam, zwischen Wahrscheinlichkeitsbegriffen, vornehmlich zwischen dem mathematischen und dem zur Beschreibung der Welt, zu unterscheiden. Unzählige Diskussionen wurden darüber geführt, ob es Wahrscheinlichkeiten in der Natur gibt oder nicht. Nach Ansicht der «Objektivisten» hat die Entität Wahrscheinlichkeit eine natürliche Existenz, auch wenn sie für manche Ereignisse nicht immer genau bestimmt werden kann. Demnach besitzen die Ereignisse beim Werfen einer Münze, eines Würfels oder einer Kugel im Roulette objektiv definierte Wahrscheinlichkeiten. Auf der anderen Seite weigern sich die «Subjektivisten», jedem möglichen Ereignis eines Zufallsexperimentes eine objektive Wahrscheinlichkeit zugeordnet zu sehen, sondern eher ein «Maß des Glaubens» seitens des Beobachters, der lediglich seine Einschätzung der Chancen für das Eintreten eines Ereignisses ausdrückt. (Macht denn eine Katze grundsätzlich etwas anderes, als ihrer subjektiven Erwartung hinsichtlich des Eintretens eines bestimmten, von ihr erhofften Ereignisses Ausdruck zu verleihen, wenn sie konzentriert und geduldig vor einem Mauseloch hockt?)

Hinter all dem verbergen sich meistens religiöse oder esoterische Ansichten über den Determinismus, den freien Willen, die göttliche Allmacht oder noch andere Dinge. Solche Diskussionen sind weder originell noch nützlich. Die Wahrscheinlichkeitsrechnung ist ein mathematischer Zweig, der genauso präzise ist wie die Geometrie, die Algebra oder die Analysis, und man sollte sie nicht mit den Schlussfolgerungen vermischen, die aus der Anwendung des probabilistischen Modells auf die Welt, in der wir leben, gewonnen werden.

So wie es unmöglich ist, ein Axiom zu beweisen, ist es auch unmöglich zu beweisen, dass Wahrscheinlichkeiten außerhalb des mathematischen Geistes existieren. Ja, selbst ein so konkreter Begriff wie der Durchschnitts- oder Mittelwert ist im Grunde genommen eine Fiktion: Wenn ich einen Fuß auf der heißen Herdplatte habe und den anderen im Frostfach, geht's mir im Durchschnitt gut. Dagegen ist es durchaus möglich, die Gültigkeit des Modells für eine große Anzahl von Phänomenen zu beobachten und ihm dadurch eine empirische Bestätigung zu verschaffen. Nur in dieser Hinsicht kann das Modell als gut oder zweckmäßig bezeichnet werden; wäre es das nicht – oder aufgrund neuer Beobachtungen oder Argumente nicht mehr –, müsste ein anderes ersonnen werden.

Das mechanistische Weltbild (Determinismus, Berechenbarkeit, Vorhersagbarkeit)

Determinismus und Linearität haben unser Denken über Jahrhunderte hinweg beherrscht. Es war René Descartes (1596–1650), der im 17. Jahrhundert den Kurs setzte, dessen Stationen und Ziele bald seine kühnsten Träume übersteigen sollten: die Rationalisierung der Welt, ihre Erkundung und Beherrschung durch die Methoden des Messens, des Quantifizierens und Analysierens.

Nach den revolutionären Vorarbeiten Johannes Keplers (1571–1630), der die elliptischen Planetenbahnen berechnete, bescherte Isaac Newton (1643–1727) mit seinen Gesetzen der Mechanik der deterministischen Gedankenwelt ein solides Fundament. Im 18. Jahrhundert wurde dieses Weltbild konsolidiert und vorangetrieben, wozu zum Beispiel Leonhard Euler (1707–1783) bedeutende Beiträge leistete. Auch der berühmte Philosoph Immanuel Kant erklärte 1755 die Entstehung der Welt aus mechanischen Prinzipien.

Einen Höhepunkt erlebte das mechanistische Weltbild im 19. Jahrhundert. In seiner Schrift *Essai philosophique sur les probabilités* (1814) schreibt Pierre Simon de Laplace: «Eine Intelligenz, welche zu einem bestimmten Zeitpunkt alle in der Natur wirkenden Kräfte sowie die gegenseitigen Lagen der sie bildenden Elemente kennte und überdies umfassend genug wäre, um diese Größen der Analysis zu unterwerfen, würde in derselben Formel die Bewegungen des größten Weltkörpers wie des leichtesten Atoms erfassen; nichts würde ihr ungewiss sein, und Zukunft und Vergangenheit wären ihrem Blick gegenwärtig. Es lässt sich eine Stufe der Naturerkenntnis denken, auf der sich der ganze Weltvorgang durch eine mathematische Formel darstellen ließe, durch ein System von Differenzialgleichungen, aus dem sich Ort, Bewegungsrichtung und Geschwindigkeit jedes Atoms im Weltall zu jeder Zeit ergäben.»

Diese Intelligenz, der «Dämon von Laplace», von dem schon die Rede war, verkörpert den klassischen Standpunkt des Determinismus und begründet das daraus entstehende mechanistische Weltbild.

Das Universum ist kein Uhrwerk

Das Weltmodell als Uhrwerk war lange Zeit sehr nützlich – und ist es heute noch, allerdings in einem immer eingeschränkteren Rahmen. Auch astronomische Vorhersagen müssen hinsichtlich der Zeiten und Entfernungen relativiert werden. Astronomische Prognosen seien auf Jahrtausende sehr genau, heißt es. Jahrtausende sind jedoch menschliche Maßstäbe, nicht wirklich astronomische. Ein Zeitraum von tausend Jahren ist vernachlässigbar klein gegenüber dem Alter des Universums: fünf Tausendstel einer Sekunde relativ zu den 86 400 Sekunden eines Tages. In solch kleinen Zeitintervallen verhalten sich die meisten Makrosysteme noch wie ein berechenbares Uhrwerk. Auch eine Million Jahre nehmen sich harmlos aus, stellen diese doch nur fünf Sekunden des Tages dar. Eine astronomische Prognose für diese Zeiträume ist also vergleichbar mit einer Wettervorhersage für die nächsten Sekunden oder Minuten. Tausend Lichtjahre sind im kosmischen Maßstab auch nicht viel: verglichen mit dem Radius des Universums gerade ein Milliardstel Prozent oder, in geläufigeren Dimensionen ausgedrückt, ein zehntel Millimeter relativ zu einem Kilometer.

Immerhin funktioniert die deterministische Denkart sehr gut, wenn sie auf stabile, lineare Makroprozesse angewandt wird, die dem Kausalitätsprinzip unterliegen, an das wir uns seit Jahrhunderten als grundsätzliche Spielregel der Natur gewöhnt haben: die Verkettung von Ursache und Wirkung im zeitlichen Sinn. Ein System, das wiederholt unter genau gleichen Bedingungen startet und den gleichen Einflüssen unterworfen ist, wird jedes Mal in genau gleicher Weise ablaufen. Allerdings sagt dieses Kausalitätsprinzip nichts darüber aus, wie stark kleine Änderungen der Ursachen die Wirkungen beeinflussen.

Chaos

Die Erfahrung, dass kleine Änderungen in den Ursachen auch nur kleine Änderungen in den Wirkungen zur Folge haben, ist sehr tief in uns verwurzelt. Es ist das Prinzip der *fehlertoleranten* Systeme. Es gibt aber auch Systeme, die extrem abhängig sind von den Startbedingungen und den Einflussfaktoren, instabile dynamische Systeme, in denen kleine zufällige Störungen große Wirkungen entfalten können. Eine solche sensible Abhängigkeit von den Anfangsbedingungen ist charakteristisch für chaotische Systeme. Bereits 1903 hat der große Henri Poincaré auf diesen Umstand aufmerksam gemacht (er war möglicherweise der letzte Universalist, der die *gesamte* Mathematik seiner Zeit verstand. Er schuf sogar eine neue Art Mathematik, die *Analysis situs*, heute besser als Topologie bekannt).

Die Naturwissenschaftler begannen vor ein paar Jahrzehnten zu ahnen, dass die exakt vorausberechenbaren dynamischen Systeme lediglich eine Ausnahmeerscheinung darstellen. Der Meteorologe Edward Lorenz entdeckte die extreme Sensibilität gegenüber Anfangsbedingungen zuerst im Rahmen der Wettervorhersagen, und bald nannte man sie den «Schmetterlingseffekt», um bildlich (und übertrieben) auszudrücken, dass unter Umständen die Flügelschläge eines Schmetterlings in Brasilien einen Wetterumschwung in Europa verursachen könnten.

Die meisten nichttrivialen mathematischen Probleme können ohnehin nur in dem Maße als streng lösbar betrachtet werden, in dem sie einer Linearisierung zugänglich sind. Die meisten Ereignisse in unserer Welt entpuppen sich jedoch als nichtlineare, vernetzte Strukturen, die im Zusammenspiel von Zufall und gesetzmäßigem Ablauf oft aus dem Ruder laufen oder umkippen. Dieses Umkippen ist jedoch keineswegs ein Einbahnprozess in Richtung Chaos; auch chaotische Prozesse können sich unvermittelt in geordnete Strukturen verwandeln. Über instabile dynamische Prozesse entstand so die Chaos- oder Komplexitätstheorie, die modische Erforschung komplexer sensibler Systeme, die eher ein interdisziplinäres Sammelsurium von Untersuchungsobjekten und Methoden ist als eine «Theorie» im mathematischen Sinn. Chaos hat, neben Gleichgewichten und periodischen Bewegungen, eine eigene dynamische Qualität. Chaos eröffnet einen Weg, die Natur neu und vollständiger zu verstehen.

Mathematisch gesehen sind praktisch alle komplexen Naturprozesse höchst chaosverdächtig:

- Wetter: Aerodynamische Turbulenzen und Klimaentwicklung sind genauso unberechenbar wie tropfende Wasserhähne.
- Biologie: Das Evolutionsspiel und der Lebensprozess ist eine Gratwanderung zwischen Ordnung und Chaos, der permanente Versuch, Chaos zu vermeiden; auch Mutationen sind kleine Katastrophen, und Epidemiewellen sind verheerende Auswirkungen oftmals winziger Ursachen.
- Wirtschaft und Gesellschaft: Die Entwicklung der Börsenkurse sowie das soziale Verhalten unter Berücksichtigung psychologischer, irrationaler Faktoren sind im Detail nicht vorhersagbar.

Heute hat sich die Ansicht durchgesetzt, dass fast alle dynamischen Systeme Chaos zulassen. Bei ihnen genügt eine beliebig kleine Änderung der Ausgangspositionen oder der beeinflussenden Faktoren, um zu einem grundsätzlich anderen Resultat zu kommen. Die Beschreibung unserer gewohnten Welt offenbart immer mehr Unberechenbares, Nichtlineares, Chaotisches und Unvorhersehbares. Ja, selbst Deterministisches ist nicht immer vorhersagbar – und zwar prinzipiell nicht. (Der Topologe Stephen Smale hat untersucht, ob sich eine typische Differenzialgleichung eines dynamischen Systems stets vorhersagbar verhält. Die überraschende Antwort lautet *nein*. In der Tat kann eine vollständig deterministische Gleichung Lösungen besitzen, die allen Betrachtungen gegenüber zufällig erscheinen.) Und manchmal ist Deterministisches nicht einmal exakt berechenbar, wie etwa ein Doppelpendel, ein torkelnder Jupitermond oder die Interaktionen von mehr als zwei Himmelskörpern. Angesichts dieser Gegebenheiten verabschieden wir uns immer mehr vom kartesianischen Weltbild.

Der Dämon von Laplace: eine prinzipiell unmögliche Fiktion?

Hinsichtlich unserer Zufallsbetrachtungen müssen wir zwischen Quantenwelt und Makrowelt gar nicht so säuberlich unterscheiden. Hinsichtlich Zufall und Wahrscheinlichkeit scheint mir der wesentliche Unterschied wie der zwischen Einzelereignissen und Ereignissen großer Ensembles zu sein; hinsichtlich anderer Betrachtungen wie etwa dem Kausalitätsprinzip mag es grundsätzlichere Unterschiede geben. Doch es handelt sich schließlich um eine einheitliche Welt, deren Bestandteile alle miteinander wechselwirken. Und die Durchdringung und Vernetzung – die Wechselwirkung – ist so stark, dass wir nur in Ausnahmefällen – *in vitro* – zwischen möglicherweise verschiedenen Zufallsarten und Welten unterscheiden können: eine künstliche Unterscheidung?

Die Wissenschaftler haben zwar noch keine befriedigende «Ver-

einheitlichte Theorie» gefunden, doch der Einfluss von Quanten-
effekten auf die Makrowelt wird immer offensichtlicher. Denn auch
makrophysikalische Ereignisse können einen quantenphysikalischen
Ursprung haben, und folglich dürften viele von ihnen letztlich
ebenfalls akausal sein – ohne eine letzte Ursache. Immerhin haben
Wissenschaftler geschätzt, dass ein gewichtiger Anteil von realen
ökonomischen Ereignissen ihre Ursache in quantenphysikalischen
Phänomenen hat. Und Tatsache ist, dass der Mensch vielfältigsten
quantenmechanischen Einflüssen ausgesetzt ist – von kosmischen
Strahlungen bis zum natürlichen radioaktiven Kalium in seinen Kör-
perzellen.

Ist dann dieser Laplace'sche Dämon als absolutes Extrem in der
Makrowelt im Prinzip überhaupt noch ernsthaft denkbar? Oder ist
er vielmehr von vornherein ein prinzipiell unmögliches Denkkonstrukt?

Mir schwebt aber ein weiteres, tiefer liegendes Argument vor. Betrachten wir ein makrophysikalisches Ereignis wie das Werfen eines
Würfels oder einer Roulettekugel. Wir können das Ergebnis eines
solchen (angeblich deterministischen) Einzelereignisses nur deshalb nicht vorhersagen, weil wir nicht alle Informationen über die
Anfangsbedingungen und die beeinflussenden Faktoren haben, heißt
es; aber der Dämon von Laplace, der hat all diese Informationen,
und deshalb kann er das Ergebnis mit absoluter Sicherheit voraus-
berechnen. Wirklich? Ist jemals abgeschätzt worden, welche Menge
an Information nötig wäre, um so eine Berechnung durchzuführen?
Kaum – jedenfalls ist mir darüber nichts bekannt. Und ich vermute,
*dass die nötige Informationsmenge so groß wäre, dass sie durch die
Wirklichkeit prinzipiell gar nicht dargestellt werden kann* – dass sie
also der Laplace'sche Dämon gar nicht besitzen kann; dabei lehne ich
mich – symbolisch – an Anton Zeilingers «radikalen Vorschlag» an
(*Einsteins Schleier*): «Wirklichkeit und Information sind dasselbe.»

In eine ähnliche Denkkategorie wie der Determinismus des Laplace'schen Dämons scheint mir die Überzeugung Einsteins zu fallen,

○○●

wonach *Gott nicht würfelt*. Verbunden damit sind Bemühungen, zusätzliche, *verborgene Parameter* in der Quantenmechanik einzuführen, um scheinbar akausalen Ereignissen dennoch Ursachen zuschreiben zu können. Der Physiker David Bohm ist ein Vertreter dieser Schule. Doch der Physiker Wolfgang Pauli (Nobelpreis 1945) hatte bereits argumentiert, eine solche Ergänzung der Quantenmechanik durch verborgene Parameter wäre wohl möglich, aber unerheblich, da diese zusätzlichen Eigenschaften, die das Verhalten eines Quantensystems beschreiben würden, gerade aufgrund ihrer Verborgenheit wohl nie im Experiment beobachtet werden könnten. (Ein anderes Argument, das gegen eine Theorie der verborgenen Parameter spricht, ist natürlich das ökonomische Denkprinzip, das mit Ockhams Rasiermesser charakterisiert wird.)

Zeilinger (*Der Zufall als Notwendigkeit*): «Der Zufall stellt also offenbar ein konstitutives Element unserer Welt dar. Es geht nicht nur darum, ihn nicht aus der Welt zu verbannen, sondern ihn als Quelle für Neues schlechthin zu sehen. Wenn man dies akzeptiert, so gilt es, durch unser Handeln Bedingungen zu schaffen, bei denen der Zufall die Möglichkeit hat, etwas Positives zu bewirken.»

KAPITEL 9

Zu wissen, was wir nicht wissen …

… gehört zum innersten Kern der Naturwissenschaften», schreibt Richard Dawkins im *Entzauberten Regenbogen*. Zu «was wir nicht wissen» können wir hinzufügen: «und was wir prinzipiell nicht wissen können» – womit dann vor allem gemeint ist, *warum* wir es prinzipiell nicht wissen können. Zu dem, was wir nicht wissen (und nicht wissen können), gehört zweifellos auch die Zukunft. Aber *verstehen* wir auch, was wir wissen? Und: Was bedeutet eigentlich «verstehen»?

Verstehen wir, was «verstehen» bedeutet?

«Wo das Rechnen anfängt, hört das Verstehen auf.» Das war Arthur Schopenhauers Ansicht über die Mathematik – und vielleicht seine einzige Erfahrung mit ihr. Diese Haltung ist auch heute noch weit verbreitet. Sogar Gebildete und Kulturschaffende bekennen fast stolz: «Von Mathe hab ich keine Ahnung.» Am Gymnasium erging es mir nicht anders, doch eines Tages packte mich der Sportsgeist, und ich wollte endlich die Gedankengänge besser «verstehen». Und das kann, wie ich dann feststellte, sehr spannend sein.

Eine Gegebenheit, ein Objekt oder einen Sachverhalt zu «verstehen» heißt, eine nachvollziehbare Beziehung, Begründung, Erklärung aus Bekanntem herzuleiten. Bei diesem Prozess des Verstehens gelangt man irgendwann zu Grundobjekten, deren Natur nicht nur in den Geisteswissenschaften, sondern auch in den Naturwissenschaften, wo Experiment, Wiederholung und Verifizierung systematisch möglich sind, problematisch erscheint. Die Frage großer Physiker lautet im Grunde: Das Atom, was ist das eigentlich? Werner Heisenberg sinnierte: «Vielleicht werden wir eines Tages verstehen, was das Atom ist, aber dann werden wir auch verstehen, was *verstehen* ist.» So gesehen ist «verstehen» natürlich nur eine Sache des Grades.

Somit besteht der Prozess des Verstehens, speziell in der Mathematik, lediglich in der (logischen) Herleitung aus Grundobjekten – die einfach als gegeben und evident angesehen werden. Verstehen ist immer graduell und von der *Gewohnheit* abhängig, mit der von Bekanntem auf Unbekanntes geschlossen wird. Wiederholung zieht Gewöhnung, Verstehen und Lernen nach sich. Die Feststellung, dass eine Sprache wie Chinesisch «leicht zu verstehen» ist, leuchtet sofort ein, wenn wir uns vergegenwärtigen, dass jedes chinesische Kind sie lernt, und besonders bei «Spielen», bei denen es um Existenzsicherung geht, hängt der Erfolg einer Strategie auch davon ab, wie häufig sie angewendet wird: Leben ist Wiederholung. Jede physische, intellektuelle und geistige Fertigkeit setzt Übung voraus – ob es um eine Jagdtechnik, eine Sprache, um das Spielen eines Musikinstruments oder die Manipulation von Fiktionen geht.

Abstrakte Fiktionen dürften vorwiegend dem Menschen eigen sein. Einfache Sachverhalte, die, je nach Blickwinkel, irgendwo zwischen konkret und abstrakt angesiedelt werden können, «versteht» sicher auch meine Katze; ich bezweifle aber, dass sie auch abstrakterer Hirngespinste fähig ist – was unser friedliches Zusammenleben vielleicht gefährden könnte.

Auch die *Induktion* – das Schließen von (sich wiederholenden) Einzelfällen auf das Allgemeine – und das damit verwandte Prinzip der *Kausalität*, das Postulat der Verknüpfung von Ursache und Wirkung, sind durchaus nützliche Quellen der *Erfahrung* und des Verstehens – wenn auch keine Quellen sicherer Erkenntnis, wie Karl Popper dargelegt hat: Alles Wissen ist nur Vermutungswissen. Eine erklärende allgemeine Theorie kann zwar durch unzählige singuläre Beobachtungen bestätigt, aber niemals als absolute Wahrheit bewiesen werden. Hingegen genügt ein einziges Gegenbeispiel, um die Theorie zu widerlegen, zu falsifizieren. Nur im negativen Fall, in der Widerlegung, kann es also Gewissheit geben.

Dennoch ist die Spirale *Wiederholung – Gewöhnung – Lernen – Verstehen – Fragen und Hinterfragen* zweifellos Teil des evolutionären Mechanismus, der ausgehend vom (subjektiven) Empfinden und Wahrnehmen über die Stufen Reflex, Instinkt, Intuition zu den höheren, *kognitiven* Denkprozessen wie Entdecken, Erfinden und Erkennen führt. Dank dieser evolutionären Spirale entwickelt sich aber auch unser Bild vom Universum.

Der Mensch ist ein erkenntnissuchendes Wesen

Der Mensch als glücksuchendes Wesen ist ein traditionelles Thema der Soziologie. Ersetzt man Glück durch Erkenntnis, dann scheint die Charakterisierung des Menschen eine Spur tiefgründiger zu sein. Jenseits von materiellem und vorwiegend oberflächlichem und schneller vergehendem Glück erzeugen beim Menschen innere Einsichten in sein Schicksal und in die Natur eine nachhaltige Befriedigung. Der Erkenntnisdrang ist der Motor unseres besseren Verstehens der Welt, und sein offensichtlicher Aufhänger ist der Glaube.

«Horoskope, Gott und Homöopathie: Warum wir glauben müssen»: So titelte das Magazin *ZeitWissen* seine erste Ausgabe 2008. Die meisten Menschen hängen einem Glauben an. Wissenschaftler behaupten: Der Mensch kann nicht anders. Die interviewten Personen outen sich:

- Claudia Lücking-Michel, Vizepräsidentin des Zentralkomitees der Deutschen Katholiken, glaubt an die Dreieinigkeit Gottes.
- Gerhard Tiemeyer, Vorstandsmitglied der Deutschen Gesellschaft für Alternative Medizin, glaubt an die Kraft alternativer Heilmethoden.

- Esther Potter, Deutscher Astrologen-Verband, glaubt daran, dass man im Horoskop das Wesen eines Menschen sieht.
- Jürgen Hescheler, Stammzellforscher, glaubt daran, dass Forschung den Menschen in eine bessere Zukunft führt.
- Stelio Montebugnoli, Chefastronom des Seti-Programms, glaubt an die Existenz von intelligentem Leben im All.
- Andreas Grünwald, Vermögensverwalter, glaubt an freie Märkte.

A priori ist ein Glaube weder gut noch schlecht. Doch wir müssen auch wieder loslassen können, wenn ein Glaube widerlegt wird oder wenn er durch einen besser begründeten abgelöst wird oder auch einfach, wenn wir uns damit nicht wohl fühlen. Das wollen aber Sekten nicht zulassen – weshalb sie massiv danach trachten, ihre Mitglieder in Abhängigkeit zu halten. Der Neurologe und Psychiater Arthur Deikman therapiert Sektenopfer und meint: «Merkmale von Sekten findet man auch in der katholischen Kirche, in großen Unternehmen, in wissenschaftlichen Disziplinen, in den Medien. In gewisser Weise durchzieht das Sektenverhalten unsere ganze Gesellschaft.» Woher das Sektenverhalten komme? «Wir alle suchen insgeheim nach einer Autorität, die uns sagt, wo es langgeht. Wir sind wie Kinder, die sich auf dem Rücksitz von Papas Auto darauf verlassen, dass er den Weg kennt. Doch als Erwachsene sollten wir selbst das Steuer in die Hand nehmen.»

Die inhumanste Form der Glaubensvermittlung ist jedenfalls die dogmatische; es ist auch die intellektuell unehrlichste und folglich die perfideste Form, weil ihr wahres Motiv die Machtausübung ist und weil sie in letzter Konsequenz Angst mobilisieren will. Und die dümmste Form des Glaubens an sich ist ebenfalls die dogmatische, weil sie letztlich Verantwortung scheut.

Von allen Versuchen, Antworten zu finden und weiterzugeben, überzeugen die der (Natur-)Wissenschaften am meisten; nicht nur, weil sie nichts diktieren, sondern weil sie sich ständig weiterentwickeln.

Wir wissen immer mehr immer weniger

Seit es die Naturphilosophie und die Naturwissenschaften gibt, ist das unser Schicksal: Für jede einigermaßen befriedigende Antwort auf eine Frage tut sich eine ganze Reihe neuer Fragen auf.

Es wäre vermessen, auch nur annäherungsweise eine Liste dessen aufstellen zu wollen, was wir nicht wissen. Wohl kann aber davon ausgegangen werden, dass es bei unserem Nichtwissen Schwerpunkte gibt, von denen ich ein paar wenige skizzieren möchte:

- Über 98 Prozent des Bio*volumens* der Erde ist uns unbekannt; damit ist im Wesentlichen der Lebensraum der Ozeane unter der bekannten, relativ dünnen Oberschicht gemeint.
- Unser Unwissen hinsichtlich der Materie und der Energie im Universum ist ähnlich gewaltig: Die Milliarden von Sternen und Galaxien, die mittels aller Teleskope sichtbar sind, sollen nur etwa 4 Prozent aller Materie und Energie im Universum ausmachen. 96 Prozent des Universums sind unsichtbar, sie bestehen aus «dunkler Energie» und «dunkler Materie», einem Gas aus Teilchen von bislang völlig unbekannter Natur; es bewirkt, dass das Universum (angeblich) ewig und immer schneller expandieren und zu einem dunklen, kalten Raum wird.
- Mit einem ähnlich gewaltigen Unwissen scheinen wir es in Bezug auf den – individuellen – Menschen zu tun zu haben: Was ist der Anteil seiner persönlichen Evolutionslinie als konstitutives Element seiner Psyche, seines Unterbewusstseins, seines Gehirns (das «komplexeste Stück Materie im Universum»)? Und noch etwas in diesem Zusammenhang: Manche Wissenschaftler schätzen, dass der überwiegend größte Teil des menschlichen Erbmaterials aus «Müll» besteht. Könnte dieser Müll nicht eine Botschaft von hochtechnisierten außerirdischen Besuchern sein? (Das ist natürlich eine Steilvorlage für Erich von Däniken, der sich einen Namen mit der Erforschung prähistorischer Berichte über «Außerirdische» gemacht hat und der sich sicher ist, dass beispielsweise die ägyptischen Pyramiden, aber auch viele andere uralte Bauwerke

in weiten Teilen der Welt außerirdischen Ursprungs sind. Wäre die Implementierung von Botschaften durch Außerirdische in das Erbgut von frühen Primaten nicht eleganter und nachhaltiger als der Bau vergänglicher Werke?)

- Das wohl größte Ausmaß an Unwissen (oder Unwollen?) begleitet aber das Hauptproblem der Menschheit. Alfred Tarski: «Das Hauptproblem, dem sich die Menschheit heute gegenübersieht, ist das der Normalisierung und Rationalisierung menschlicher Beziehungen.» Die Lösung dieses Hauptproblems wäre die Voraussetzung dafür, dass die Folgeprobleme gelöst würden, die einerseits mit den Grundbedürfnissen aller Menschen zusammenhängen, andererseits mit der Erhaltung der gemeinsamen Umwelt (Lösung des n-Nationen-Gefangenendilemmas). Beides verlangt eine Rationalisierung menschlicher Beziehungen im globalen Ausmaß.

Angesichts dieser gewaltigen Mengen an Unwissen nimmt sich das Unwissen darüber, warum der Mensch 23 Chromosomenpaare hat und der Menschenaffe 24, direkt putzig aus. Auch die (noch unbeantwortete) Frage, ob jede gerade Zahl ab 4 als Summe von nur zwei Primzahlen darstellbar ist, mutet an wie ein Kreuzworträtsel. Und selbst das Problem der kontrollierten Fusion scheint nur eine mäßig knifflige Fleißaufgabe zu sein.

Wann indessen unser Unwissen zum Problem wird, hängt weniger von einem Mangel an wissenschaftlicher Neugier ab, sondern vielmehr von der Dringlichkeit einer Lösung. Und es scheint sogar so zu sein, dass wirklich dringliche Lösungen nur in geringerem Maße von unserem Nichtwissen abhängen. Das Wissen zur Lösung dringlicher Probleme wäre durchaus vorhanden, es fehlt aber am menschlichen Willen – beziehungsweise erlauben es die Umstände nicht, dass sich der entsprechende menschliche Wille auch positiv durchsetzen kann. Die Lösung eines der größten dieser Probleme, nämlich die Grundbedürfnisse aller Menschen zu befriedigen und die Menschenrechte für alle einzuführen und zu sichern, wird wohl noch einige Jahrhunderte benötigen. Der Grund dafür liegt nur zu einem relativ geringen Teil bei den industrialisierten Ländern. Korruption und Diktatur sind die Haupthinderungsgründe für Lösungen; da ist es nur ein schwacher Trost, dass die Opfer, würden sie an der Macht sein, höchstwahrscheinlich nicht anders handeln würden. Es geht um schmerzliche historische Entwicklungen, um Lernprozesse von innen heraus; es geht um Befreiung von Unterdrückung, um erste Schritte von Aufklärung.

Die Spieltheorie als Erkenntnisinstrument der Life Sciences

Ein Gesellschaftsspiel (ein Spiel *in vitro*) verhält sich zum wirklichen Leben wie die Mathematik zur komplexen Wirklichkeit. Doch so wie die Mathematik allmählich immer zahlreichere und tiefere Strukturen der Wirklichkeit aufdeckt, nähert sich die Spieltheorie auch immer mehr dem Leben.

Zum einen wurden zunehmend wirklichkeitsnahe Modelle und Strategien für Konflikt- und Spielsituationen entwickelt, die sich, zumindest ansatzweise oder indirekt, auf moderne Kriegführung – und auch -vermeidung – ebenso anwenden lassen wie auf Firmenmanagement und Konkurrenzkonflikte in der Wirtschaft. Zum anderen sind spezielle Computerspiele geschaffen worden, zum Beispiel das dynamische System *Game of Life*, das Gedankenexperimente über Zustandsänderungen erlaubt, die sich wiederum als Aspekte des Lebens deuten lassen.

Damit ist die Annäherung der Spieltheorie an das Leben aber noch nicht zu Ende. In den letzten zwanzig bis vierzig Jahren hat die Spieltheorie auch Einzug in viele Zweige der Biologie, der Wissenschaft vom Leben, gehalten: von der präbiotischen Evolution über Populationsgenetik und -ökologie bis hin zur Soziobiologie. Eine wahre geistige Revolution. In der Evolutionsbiologie hat die spieltheoretische Betrachtungsweise zu einem *Neodarwinismus auf Gen-Ebene* geführt, der selbst solche Phänomene rational hat erklären können, die traditionell einem Schöpfergott zugeschrieben wurden.

Und damit setzen die Naturwissenschaften ihren Jahrhunderte andauernden Siegeszug fort, der darin besteht, wirkliche Aufklärung zu betreiben und gleichzeitig den Dogmatismus zurückzudrängen. Ihr Ziel besteht darin, zu kämpfen und Lebensprobleme zu lösen. Es war zum Beispiel der Arzt Ignaz Semmelweis, der Mitte des 19. Jahrhunderts die Ursache für das oft tödliche Kindbettfieber erkannte und als Erster Hygienevorschriften für Ärzte und Krankenhauspersonal einführte. Die hohe Sterblichkeit im Wochenbett wäre durch dogmatische Glaubenssätze, wie sie damals auch in der Medizin bestanden, niemals verhindert worden.

Die Wissenschaft braucht keinen Schöpfergott für das, was sie nicht oder noch nicht erklären kann. Damit sei nicht gesagt, dass sie eines Tages alles wird erklären können; doch ein Schöpfergott, der *alles* erklärt, erklärt *nichts*.

Wissen selbst ist mehr oder weniger begründeter, falsifizierbarer Glaube; aufoktroyierter Dogmatismus aber ist Diktatur. Und dennoch ist undogmatische Religiosität möglich.

Religiosität im Sinne Einsteins – undogmatische Reflexion über das Universum

Richard Dawkins schreibt in seinem Buch *Der entzauberte Regenbogen*: «Das Gefühl des ehrfürchtigen Staunens, das uns die Naturwissenschaft vermitteln kann, gehört zu den erhabensten Erlebnissen, deren die menschliche Seele fähig ist. Es ist eine tiefe ästhetische Empfindung, gleichrangig mit dem Schönsten, das Dichtung und Musik uns geben können. Es gehört zu den Dingen, die das Leben lebenswert machen, und am meisten gilt das gerade dann, wenn es in uns die Überzeugung weckt, dass unsere Lebenszeit endlich ist.»

Das ist der Kern des naturphilosophischen Staunens, und damit ist Richard Dawkins im Grunde genommen ähnlich religiös wie Albert Einstein.

Epilog

Die Evolution lehrt uns, dass sie selbst weder Gut noch Böse kennt und auch keine Gerechtigkeit, dass es ihr egal ist, ob eine Art untergeht oder überlebt, und wodurch; sie stellt mit ihren Gesetzen die Rahmenbedingungen für die Entwicklung von Leben nur zur Verfügung.

Das Charakteristische dieser Rahmenbedingungen ist der Austausch von materiellen und immateriellen Entitäten zwischen allen Aspekten des Seienden – auch zur Aufrechterhaltung und Gestaltung des Lebens. Das reicht von den quantenmechanischen Prozessen zwischen Elementarteilchen über die chemische und biochemische Selbstorganisation der Materie zu Leben bis hin zum Verhalten der Lebewesen und stellt die einzige gesamtrationale (rationale und begrenzt rationale) Basis für die Einheit des menschlichen Wissens dar.

Obwohl sie gut bekannt sind, erscheinen mir hierbei zwei Eigenschaften der Evolution besonders bemerkenswert:

- Erstens ist der Evolutionsmechanismus in hohem Maße fehlertolerant: Krankheit und Kriminalität sind das Ergebnis partieller Desorganisation, doch diese ist durchaus mit den Bedingungen des Überlebens verträglich. (Das berührt jedoch nicht die Tatsache, dass sich Systeme durch den Verlust der strukturellen Identität auflösen können, z. B. wenn ein Individuum stirbt, ein Paar sich trennt oder eine Nation untergeht.) Das Weiterleben der Menschheit wird immer mehr zu einem Wettlauf zwischen den Schäden der Ausbeutung und der (partiellen) Wiedergutmachung durch Technologiefortschritte. Aber dieser Wettlauf hat auch einen gewissen Stabilitätsaspekt: Nehmen die Schäden überhand, sodass etwa die Hälfte der Menschheit umkommt, dann gibt es eine Tendenz zur Umkehrung der Auswirkungen – die Schäden verringern sich, und eine Erholung setzt ein; ähnlich wie im Räuber-Beute-Modell.

• Die zweite bemerkenswerte Eigenschaft des Evolutionsmechanismus ist die Abnahme der genetischen und instinktiven Determinierung des Verhaltens in dem Maße, wie die Evolution voranschreitet. Bei Insekten zum Beispiel wird das Verhalten zu einem großen Teil durch das Erbmaterial (eine bestimmte Molekularstruktur) bestimmt; instinktives Verhalten lässt kaum Wahlmöglichkeiten bestehen. Bei den Primaten nimmt das instinktive Verhalten allmählich ab; sie haben mehr Auswahl- und Gestaltungsmöglichkeiten.

Gerade die Möglichkeiten der freien Gestaltung seines Schicksals sollte sich der Mensch nicht nehmen lassen. Noch sollte er sich Ansichten aufzwingen lassen, die ihm sinnlos erscheinen. Auch das ökonomische Verhalten ist kein Naturgesetz, es ist formbar durch den menschlichen Willen, genauso wie sein übriges Verhalten und seine Ethik. Das sind alles menschliche Angelegenheiten, keine göttlichen. Der freie Mensch trägt allerdings die Verantwortung – auch für das, was er nicht tut. Am Ende steht er da, weder als «Krone der Schöpfung» noch als «Fehlschlag der Natur», im Spiel- und Spannungsfeld aller Dualismen, und hat gar keine Alternative zum Spiel: kreatives Spiel mit seinem Überleben oder dem seiner Gruppe, innovatives Spiel mit seinen Ideen und, immer wieder, Gefühls- und Gedankenspiel mit seiner Suche nach Selbstwert, Liebe und Sinn.

Ein vorsichtiger Versuch einer Standortbestimmung des Menschen auf einer evolutionären Zeitskala, die uns unser gewaltiges Unwissen nur erahnen lässt, könnte zu dem Schluss kommen, dass wir uns erst am Beginn der Entwicklung befinden und dass das Minimax-Denken, der vorsichtige Zweckpessimismus der Spieltheorie, noch viele Generationen dominant sein wird – bevor allmählich ein «evolutionärer Zweckoptimismus» Platz nehmen kann: die Vision, nach der die Menschheit wirklich human wird – und zwar aus Eigennutz. Denn der *missing link*, das fehlende Glied zwischen Primaten und wahrhaft humanen Menschen: *das sind zweifellos wir*. So wäre unser wünschenswerter Weg rational vorgezeichnet: Fortsetzung der Aufklärung, um zu einem wahren Humanismus zu gelangen.

*

Am Ende hoffe ich, dass Sie die verschiedenartigen Mosaiksteine dieses Essays nicht als zu chaotisch empfunden haben. Nicht annähernd konnte ich die Themenaspekte behandeln, die es verdient hätten, und die behandelten nicht in der gewünschten Tiefe. Zum Beispiel kamen Poesie, Dichtung und Musik nicht vor. Doch die Künste sind (vorwiegend) für die Seele, was naturwissenschaftliche Erkenntnisse (vorwiegend) für den Geist sind.

Was die Literatur betrifft, so bin ich vor allem vom französischen Kulturkreis geprägt worden, von François Villon über die Texte der Renaissance, die wie Orgelmusik komponiert sind, bis zu Autoren wie Albert Camus. Dabei hat es mir die Lyrik besonders angetan, von Verlaine, Baudelaire, Rimbaud bis zu so verschiedenen Dichtern wie Saint-John Perse und Jacques Prévert.

Musik und die darstellenden Künste sind die wenigen Welten, in die man wohl ohne spezielle Vorkenntnisse eintauchen kann. Das macht sie natürlich so populär – im Gegensatz zur «Spielwelt» der Mathematik. Doch man muss nicht unbedingt «eintauchen» und alles um sich vergessen; man kann auch etwa Thelonious Monk, Dave Brubeck oder Oscar Peterson als Hintergrundmusik genießen. Auch so einfache, wunderschöne Melodien wie *Round Midnight* von Miles Davis, *Nuages* von Django Reinhardt, *Bluesette* von Jean Thielemans oder *Mercy, Mercy, Mercy* von Joe Zawinul offenbaren Gefühlswelten und vermitteln eine tiefe ästhetische Empfindung, die dem Leben einen kleinen inneren Schub gibt und das Ärgerliche verblassen lässt.

Eines der ergreifendsten Kunstwerke zum Thema «Spiel» ist der Spielfilm *Das Leben ist schön* (Italien, 1997), eine poetische und beklemmende Tragikomödie mit Roberto Benigni: Um seinen kleinen Sohn vor dem Grauen zu schützen, macht KZ-Häftling Guido ihn glauben, es sei nur ein Spiel. In *Der kleine Prinz* lässt Antoine de Saint-Exupéry den Fuchs sagen: «Man sieht nur mit dem Herzen gut.» Zumindest trifft das für wesentliche Dinge im menschlichen Leben zu. Das Evolutionsspiel ist herzblind; der Mensch sollte es nicht sein.

Literatur: Quellen und Hinweise

Afheldt, H.: Wohlstand für niemand? Die Marktwirtschaft entlässt ihre Kinder. Reinbek 1997

Albert, H.: Das Elend der Theologie. Aschaffenburg 2005

Alt, F./Gollmann, R./Neudeck, R.: Eine bessere Welt ist möglich. München 2007

Altvater, E.: Die Zukunft des Marktes. Münster 1991

Arrow, K. J.: Social Choice and Individual Values. New York 1951

Arzt, V./Birmelin, I.: Haben Tiere ein Bewusstsein? München 1995

Attali, J.: Une brève histoire de l'avenir. Paris 2006

Axelrod, R.: Die Evolution der Kooperation. München 1995 (3. Aufl.)

Barnhart, R. T.: Beating the Wheel. Secaucus 1992

Basieux, P.: Abenteuer Mathematik. Reinbek 1999

Basieux, P.: Die Architektur der Mathematik. Reinbek 2000

Basieux, P.: Die Top Ten der schönsten mathematischen Sätze. Reinbek 2000

Basieux, P.: Die Top Seven der mathematischen Vermutungen. Reinbek 2004

Basieux, P.: Die Welt als Roulette. Reinbek 1995

Basieux, P.: Roulette – Die Zähmung des Zufalls. Geretsried 2001 (5. Aufl.)

Basieux, P.: Die Zähmung der Schwankungen. Geretsried 2003 (2. Aufl.)

Basieux, P.: Faszination Roulette – Phänomene und Fallstudien. Geretsried 1999

Basieux, P.: Roulette HardCore & SoftWare – Algorithmen für Ballistik, Wurfweiten, Tisch-Charakteristik. Norderstedt 2006

Basieux, P./Thiele, J.: Roulette im Zoom – Anatomie des Kugellaufs. Geretsried 1989

Bass, T. A.: Der Las Vegas-Coup. Basel 1991

Beck-Bornholdt, H.-P./Dubben, H.-H.: Der Hund, der Eier legt: Erkennen von Fehlinformation durch Querdenken. Reinbek 1998

Berninghaus, S./Völker, R.: Die Nutzung der Spieltheorie in der Managementpraxis. In: *Blick durch die Wirtschaft*, 8. 12. 1997

Beuys, J. et al.: Was ist Geld? Eine Podiumsdiskussion. Wangen/ Allgäu 1991

Bewersdorff, J.: Glück, Logik und Bluff – Mathematik im Spiel. Wiesbaden 2001

Blackmore, S.: Die Macht der Meme. Darmstadt 2000

Bleskin, M.: Sumus papa? Eramus papa! Zwischenruf. In: *n-tv.de*, 13. 07. 2007

Blum, W.: Kurse zum Rechnen. In: *Die Zeit*, 11/1999

Bobbio, N.: Das Zeitalter der Menschenrechte. Berlin 1998

Bohm, D.: Causality and Chance in Modern Physics. Philadelphia 1957/1961

Borg, G. v. d.: Handbuch Poker – Texas Hold'em. Geretsried 2006

Bosch, K.: Lotto und andere Zufälle. Wie man die Gewinnquoten erhöht. Wiesbaden 1994

Boyer, P.: Und Mensch schuf Gott. Stuttgart 2004

Braitenberg, V./Hosp, I. (Hg.): Die Natur ist unser Modell von ihr. Reinbek 1996

Brandt, W. et al.: North–South: A programme for survival. London 1980

Brockman, J.: Die dritte Kultur. München 1996

Brockman, J. (Hg.): Die neuen Humanisten. Berlin 2004

Bruss, F. T.: Die Kunst der richtigen Entscheidung. In: *Spektrum der Wissenschaft*, Juni 2005

Bührke, T.: Die dunkle Macht der dunklen Energie. In: *Welt am Sonntag*, Nr. 37/2007

Buggle, F.: Denn sie wissen nicht, was sie glauben – Oder warum man redlicherweise nicht mehr Christ sein kann. Eine Streit-schrift. Reinbek 1997

Burger, E. B./Starbird, M.: Wie man den Jackpot knackt. Reinbek 2007

Chomsky, N.: Profit over People. Hamburg 2000

Connes, A.: Scheinwerfer auf die Realität: Wie die Mathematik Wirklichkeiten findet und erschließt. In: *Frankfurter Allgemeine Zeitung*, 48/2000

Cordonnier, C.: Black Jack – Spiel und Strategie. Geretsried 2002 (4. Aufl.)

Darwin, C.: Die Entstehung der Arten. Stuttgart 1976

Davis, M.: Umzingelt von einer unfehlbaren Armee. In: *Die Zeit*, 16/2003

Davis, P. J./Hersh, R.: Erfahrung Mathematik. Basel 1994

Dawkins, R.: Das egoistische Gen. Reinbek 1996

Dawkins, R.: Der blinde Uhrmacher. München 1996

Dawkins, R.: Gipfel des Unwahrscheinlichen. Reinbek 1999

Dawkins, R.: Der entzauberte Regenbogen. Reinbek 2000

Dawkins, R.: Der Gotteswahn. Berlin 2007

Deschner, K.: Kriminalgeschichte des Christentums. Reinbek 1986 ff.

Deschner, K.: Abermals krähte der Hahn – Eine Demaskierung des Christentums von den Evangelisten bis zu den Faschisten. Rein-bek 1972–1979

Deschner, K.: Das Kreuz mit der Kirche. Düsseldorf 1992

Deschner, K.: Opus Diaboli. Reinbek 1994

Deschner, K.: Oben ohne – Für einen götterlosen Himmel und eine priesterfreie Welt. Reinbek 1997

Diamond, J.: Kollaps – Warum Gesellschaften überleben oder untergehen. Frankfurt a. M. 2005

Diamond, J.: Der dritte Schimpanse – Evolution und Zukunft des Menschen. Frankfurt a. M. 2006

Ditfurth, H. v.: Zusammenhänge. Reinbek 1977

Dixit, A. K./Nalebuff, B. J.: Spieltheorie für Einsteiger. Stuttgart 1997

Dönhoff, M.: Zivilisiert den Kapitalismus – Grenzen der Freiheit. Stuttgart 1997

Dörner, D.: Die Logik des Misslingens. Reinbek 1989

Drösser, C.: Angriff auf Hohensyburg. In: *ZeitWissen*, 3/2005

Dubins, L. E./Savage, L. J.: How to Gamble if You Must. New York 1965/1976

Duve, C. de: Aus Staub geboren. Reinbek 1997

Eigen, M.: Stufen zum Leben. München 1987

Eigen, M./Winkler, R.: Das Spiel. München 1975

Einstein, A.: Mein Weltbild (1934). Zürich 1972

Einstein, A.: Aus meinen späten Jahren. Stuttgart 1952

Ekeland, I.: Das Vorhersehbare und das Unvorhersehbare. Frankfurt a. M. 1989

Epstein, R. A.: The Theory of Gambling and Statistical Logic. New York 1977

Ernst, H. (Hg.): Der innere Kosmos. Weinheim 1991

Fabricand, B. P.: The Science of Winning. New York 1979

Fehr, B.: Einsteins Erben in den Banken. In: *Frankfurter Allgemeine Zeitung*, 115/2005

Feynman, R. P.: Vom Wesen physikalischer Gesetze. München 2001

Feynman, R. P.: QED – Die seltsame Theorie des Lichts und der Materie. München 2002

Forrester, V.: Der Terror der Ökonomie (Originaltitel: *L'horreur économique*). München 1998

Fromm, E.: Die Furcht vor der Freiheit. Frankfurt a. M. 1980

Fucks, W.: Nach allen Regeln der Kunst. Stuttgart 1968

Garfunkel, S./Steen, L. A. (Hg.): Mathematik in der Praxis. Heidelberg 1989

Gelfarth, V.: Die besten Anlagestrategien der Welt. München 2005

Gigerenzer, G.: Bauchentscheidungen – Die Intelligenz des Unbewussten und die Macht der Intuition. München 2007

Gigerenzer, G.: Das Einmaleins der Skepsis. Berlin 2005

Gigerenzer, G.: Adaptive Thinking – Rationality in the Real World. Oxford/New York 2000

Gigerenzer, G.: Bounded and Rational. In: R. J. Stainton (Ed.), Contemporary Debates in Cognitive Science. Oxford 2006

Gigerenzer, G.: I think, Therefore I Err. In: *Social Research*, 2005

Gigerenzer, G. et al.: Simple Heuristics That Make Us Smart. Oxford/New York 1999

Gore, A./Barth, R./Pfeiffer, T.: Eine unbequeme Wahrheit. München 2006

Graßmann, H.: Das Denken und seine Zukunft. Reinbek 2002

Grefe, C./Greffrath, M./Schuhmann, H.: attac – Was wollen die Globalisierungskritiker? Berlin 2002

Guerrerio, G.: Kurt Gödel – Logische Paradoxien und mathematische Wahrheit. In: *Spektrum der Wissenschaft*, Biographie 1/2002

Hampden-Turner, C.: Modelle des Menschen. Weinheim 1991

Harris, S.: The End of Faith – Religion, Terror, and the Future of Reason. London 2005

Heinsohn, G.: Söhne und Weltmacht. Zürich 2006

Herrmann, H.: Sex & Folter in der Kirche. München 1994/1998

Heuser, U. J.: Das Unbehagen im Kapitalismus – Die neue Wirtschaft und ihre Folgen. Berlin 2000

Hinsch, W.: Zum 80. Geburtstag des Philosophen John Rawls. In: *Die Zeit*, 9/2001

Hinsch, W.: Realistische Utopie des Liberalismus. In: *NZZ Online*, 26. 11. 2002

Hitchens, C.: Der Herr ist kein Hirte – Wie Religion die Welt vergiftet. München 2007

Huizinga, J.: Homo Ludens – Vom Ursprung der Kultur im Spiel (1938). Reinbek 1956

Illich, I.: Fortschrittsmythen. Reinbek 1978

Jacob, F.: Die Logik des Lebenden. Frankfurt a. M. 1972

Kallscheuer, O.: Die Wissenschaft vom lieben Gott. Frankfurt a. M. 2006

Kanitscheider, B.: Die Materie und ihre Schatten – Naturalistische Wissenschaftsphilosophie. Aschaffenburg 2007

Kast, B.: Wie der Bauch dem Kopf beim Denken hilft – Die Kraft der Intuition. Frankfurt a. M. 2007

Klein, N.: No Logo! München 2005

Koesters, P.-H.: Ökonomen verändern die Welt. Hamburg 1982

Koken, C.: Roulette – Computersimulation & Wahrscheinlichkeitsanalyse von Spiel und Strategien. München 1987

Kostolany, A.: Kostolanys Börsenseminar. Düsseldorf 1986

Küng, H.: Erkämpfte Freiheit. München 2003

Langhammer, R. J./Stecher, B.: Der Nord-Süd-Konflikt – Die Spielregeln der Weltwirtschaft im Brennpunkt. Würzburg, Wien 1980

Leitl, M.: Winkelzüge für Profis – Was ist Spieltheorie? In: *Spiegel Online*, 29. 03. 2006

Le Monde diplomatique: Atlas der Globalisierung – Die neuen Daten und Fakten zur Lage der Welt. Berlin 2006

Libet, B.: Mind Time – Wie das Gehirn Bewusstsein produziert. Frankfurt a. M. 2005

Linke, D.: Kunst und Gehirn – Die Eroberung des Unsichtbaren. Reinbek 2001

Linke, D.: Die Freiheit und das Gehirn – Eine neurophilosophische Ethik. München 2005

Maas, P./Weibler, J. (Hg.): Börse und Psychologie. Köln 1990

Mandelbrot, B. B.: Die fraktale Geometrie der Natur. Basel 1987

Mandelbrot, B. B./Hudson, R. H.: Fraktale und Finanzen. München 2005

Markowitz, H. M.: Portfolio Selection. New Haven 1959

Marsh, P./Morris, D.: Die Horde Mensch. München 1989

Mayr, E.: Das ist Evolution. München 2003

Mehlmann, A.: Strategische Spiele für Einsteiger. Wiesbaden 2007

Mérö, L.: Die Logik der Unvernunft. Reinbek 2000

Mérö, L.: Die Grenzen der Vernunft. Reinbek 2002

Monod, J.: Zufall und Notwendigkeit. München 1972

Müller, T.: Bestie Mensch – Tarnung. Lüge. Strategie. Reinbek 2006 (6. Aufl.)

Nagel, E./Newman, J. R.: Der Gödelsche Beweis. München 1992

Neumann, J. v./Morgenstern, O.: Spieltheorie und wirtschaftliches Verhalten. Würzburg 1973

Onfray, M.: Wir brauchen keinen Gott. München 2007

Pauen, M.: Illusion Freiheit? Frankfurt a. M. 2004

Popper, K. R.: Objektive Erkenntnis. Hamburg 1973

Popper, K. R.: Alles Leben ist Problemlösen. München 1995

Popper, K. R./Lorenz, K.: Die Zukunft ist offen. München 1985

Prantl, H.: Kein schöner Land – Die Zerstörung der sozialen Gerechtigkeit. München 2005

Prantl, H.: Moral und Gier. In: *sueddeutsche.de/wirtschaft*, 11. 12. 2007

Prigogine, I./Stengers, I.: Dialog mit der Natur. München 1980

Rapoport, A.: Decision Theory and Decision Behaviour. Dordrecht 1989

Rauner, M.: Die Mathematik des Auktionators. In: *Die Zeit*, 31/2000

Rawls, J.: Gerechtigkeit als Fairness. Frankfurt a. M. 2006

Rechenberg, I.: Evolutionsstrategie. Stuttgart 1973

Reeves, H.: Die kosmische Uhr: Hat das Universum einen Sinn? Düsseldorf 1989

Riedl, R.: Biologie der Erkenntnis. Hamburg 1981

Roth, G.: Fühlen, Denken, Handeln. Frankfurt a. M. 2003

Roth, G.: Das Gehirn und seine Wirklichkeit. Frankfurt a. M. 1997

Rucker, R.: Der Ozean der Wahrheit. Frankfurt a. M. 1988

Rückert, S.: Tote haben keine Lobby – Die Dunkelziffer der vertuschten Morde. München 2002

Rüsenberg, M.: Black Jack – Handbuch für Strategen. Geretsried 2003

Rüsenberg, M.: Black Jack für Einsteiger. Geretsried 2006

Russell, B.: Warum ich kein Christ bin. Reinbek 1968

Russell, B.: Macht. Wien 1973

Russell, B.: Eroberung des Glücks. Frankfurt a. M. 1978

Salcher, E.: Gott? Das Ende einer Idee. Frankfurt a. M. 2007

Schmidt-Salomon, M.: Manifest des evolutionären Humanismus. Aschaffenburg 2006

Schmidt-Salomon, M.: Auf dem Weg zur Einheit des Wissens. Schriftenreihe der Giordano Bruno Stiftung. Aschaffenburg 2007

Schnabel, U.: Zum Glauben verdammt. In: *ZeitWissen*, 1/2008

Schneeweiß, H.: Entscheidungskriterien bei Risiko. Berlin/Heidelberg 1967

Sen, A.: Ökonomie für den Menschen – Wege zu Gerechtigkeit und Solidarität in der Marktwirtschaft. München 2000

Shapiro, R.: Schöpfung und Zufall. München 1987

Sigmund, K.: Spielpläne – Zufall, Chaos und die Strategien der Evolution. Hamburg 1995

Simon, H. A.: Homo rationalis. Frankfurt a. M. 1993

Singer, P.: Wie sollen wir leben? Ethik in einer egoistischen Zeit. München 2003

Singer, W.: Vom Gehirn zum Bewusstsein. Frankfurt a. M. 2006

Singer, W.: Der Beobachter im Gehirn. Frankfurt a. M. 2002

Singer, W.: Ein neues Menschenbild? Frankfurt a. M. 2003

Smolin, L.: Warum gibt es die Welt? München 2002

Sommer, V.: Darwinsch denken. Stuttgart 2007

Sommer, V.: Von Menschen und anderen Tieren. Stuttgart 1999

Soros, G.: Die Krise des globalen Kapitalismus. Frankfurt a. M. 2000

Sossinsky, A.: Mathematik der Knoten: Wie eine Theorie entsteht. Reinbek 2000

Spektrum der Wissenschaft/spektrumdirekt; Nagel, R., Pöppe, C.: Spieltheorie und menschliches Verhalten. Deutsche SchülerAkademie; *www.wissenschaft-online.de*, 2007

Steinberger, K.: Helden, Bunnys und Zigarren; Exkursion in die Welt der Mathematiker. In: *Süddeutsche Zeitung*, 201/2006

Stiglitz, J.: Die Schatten der Globalisierung. München 2004

Stiglitz, J./Charlton, A.: Fair Trade. Agenda für einen fairen Welthandel. Hamburg 2006

Sturma, D. (Hg.): Philosophie und Neurowissenschaften. Frankfurt a. M. 2006

Tarassow, L.: Wie der Zufall will? Vom Wesen der Wahrscheinlichkeit. Heidelberg 1998

Taschner, R.: Zahl Zeit Zufall. Alles Erfindung? Salzburg 2007

Taschner, R.: Der Zahlen gigantische Schatten. Wiesbaden 2004

Teschner, W.: Der Wettbörsen-Profi. Gilching 2008

Teschner, W.: Oddset Buchmacherwetten. Gilching 2001

Teschner, W.: Toto-PC-Programme *Archimedes*. Gilching 2004

Teschner, W.: Keno – Die Zahlenlotterie. Gilching 2005

Thorp, E. O.: The Mathematics of Gambling. Secaucus 1984

Thorp, E. O.: Physical Prediction of Roulette. Woodland Hills 1982

○○●

Thorp, E. O.: Beat the Dealer. New York 1966

Thorp, E. O./Kassouf, S. T.: Beat the Market. New York 1967

Thurow, L. C.: Die Zukunft des Kapitalismus. Düsseldorf 1998

Tillemans, A.: Lieber auf Nummer sicher gehen als Millionär
werden. In: *Bild der Wissenschaft/wissenschaft.de*, 14. 9. 2005

Touraine, A.: Penser autrement. Paris 2007

Uchatius, W.: Der Mensch, kein Egoist – Die Wirtschaftswissenschaft entdeckt die Realität. In: *Die Zeit*, 23/2000

Uhlig, S.: Immer zahlungsfähig – Konsequentes Liquiditätsmanage-
ment. Geretsried 2004

Vollmer, G.: Evolutionäre Erkenntnistheorie. Stuttgart 1980

Wagenaar, W. A.: Number Hitting. Experimental Psychology; University of Leiden 1987

Wagenhofer, E./Annas, M.: We feed the world – Was uns das Essen
wirklich kostet. Freiburg 2006

Warraq, I.: Warum ich kein Muslim bin. Berlin 2004

Wegner, J.: Die Magie des Zufalls. In: *Focus*, 17/2004

Weizsäcker, C. F. v.: Die Einheit der Natur. München 1971–79

Werner, K./Weiss, H.: Das neue Schwarzbuch Markenfirmen. Berlin
2007 (3. Aufl.)

Wickler, W./Seibt, U.: Das Prinzip Eigennutz. Hamburg 1977

Wilson, E. O.: Der Wert der Vielfalt. München 1995

Wilson, E. O.: Die Einheit des Wissens. Berlin 1998

Wuketits, F. M.: Die Selbstzerstörung der Natur. Düsseldorf 1999

Yunus, M.: Die Armut besiegen. München 2008

Zeh, H. D.: Entropie. Frankfurt a. M. 2005

Zeilinger, A.: Einsteins Schleier – Die neue Welt der Quantenphysik.
München 2003

Zeilinger, A. et al.: Der Zufall als Notwendigkeit. Wien 2007

Ziegler, J.: Wie kommt der Hunger in die Welt? München 1999

Ziegler, J.: Die neuen Herrscher der Welt und ihre globalen Widersacher. München 2005

Ziegler, J.: Das Imperium der Schande. München 2005

Ziemba, W. T./Hausch, D. B.: Dr. Z's Beat the Racetrack. New York 1987

○○●

Illustration Knud Jaspersen

rororo science

Pierre Basieux: Mathematik in ihrer ganzen Schönheit

**Die Top Seven der
mathematischen Vermutungen**
3-499-61932-6
Je 1 Million Dollar hat der amerikanische Multimillionär Landon T.
Clay auf die Lösung der sieben hier
vorgestellten mathematischen Vermutungen ausgesetzt. Unter ihnen befinden sich bekannte Probleme mit großer mathematischer
Tradition, wie z. B. die Vermutungen von Riemann oder Poincaré. Lösen wird sie Pierre Basieux
nicht für uns, aber verständlich
darstellen, worum es überhaupt
geht. Vielleicht ein erster Schritt
auf dem Weg zur Million!

Abenteuer Mathematik
*Brücken zwischen Wirklichkeit
und Fiktion*
3-499-60178-8

Die Welt als Roulette
Denken in Erwartungen
3-499-19707-3

**Die Architektur der
Mathematik**
Denken in Strukturen
3-499-61119-8

**Die Top Ten der schönsten
mathematischen Sätze**

3-499-60883-9

Weitere Informationen in der Rowohlt Revue oder unter www.rororo.de